Typenkompass

Loks der DB AG

seit 1994

Jan Reiners

Einbandgestaltung: Luis dos Santos
Fotos: Marc Dahlbeck

Bildnachweis:
Bombardier: 34; DB AG: 82; DB AG/Skoda Transportation: 9; DB AG/Uwe Miethe: 86, 87, 117;
Domagalski, Dr. B: 34, 111, 118, 119; Meier, R.: 45, 56, 63, 64, 72, 73, 104, 110,113, 124,
125; Dahlbeck, M.: 13 o.; Endisch, D.: 126.
Alle nicht genannten Bilder stammen vom Autor.

ISBN 978-3-613-71519-6

1. Auflage 2015

Sie finden uns im Internet unter www.transpress.de

Lektor: Hartmut Lange
Innengestaltung: Jürgen Knopf
Repro: Medien und Printprodukte, 74321 Bietigheim-Bissingen
Druck und Bindung: Appel & Klinger Druck und Medien GmbH, 96277 Schneckenlohe
Printed in Germany

Am 1. Januar 1994 trat in Deutschland die sogenannte Bahnreform in Kraft, die zahlreiche Veränderungen für das deutsche Eisenbahnwesen brachte. Dazu zählte der Zusammenschluss von Deutscher Reichsbahn der DDR (DR) und Deutscher Bundesbahn (DB) zur Deutschen Bahn AG (DB AG), einer privatrechtlich organisierten Aktiengesellschaft, bei der die Aktien bis heute zu 100 Prozent im Bundesbesitz sind. Mit dieser Neugründung endeten nicht nur zwei wichtige Kapitel deutscher Eisenbahn-Geschichte – die Existenz zweier Staatsbahnen in Ost und West –, sondern die neue Aktiengesellschaft führte auch die beiden Fahrzeugparks zusammen, die beide Bahnverwaltungen bislang eigenständig geplant und entwickelt hatten.

Diese wiesen in Struktur und Technik diverse Unterschiede auf. So umfasste der Fahrzeugpark des jungen Unternehmens DB AG 1994 noch alle drei Traktionsarten Dampf-, Diesel- sowie elektrische Lokomotiven und Triebwagen. Er reichte von der Schmalspurdampflok der ehemaligen sächsischen Gattung IV K bis zum Hochgeschwindigkeitszug ICE. Während im Westen der Republik ausschließlich Dieselloks mit hydraulischer Leistungsübertragung beschafft worden waren, führte die DR zahlreiche Maschinen mit dieselelektrischer Kraftübertragung aus sowjetischer Produktion in ihrem Bestand. Und weil viele Exemplare der elektrischen Einheitslokomotiven der Bundesbahn verschlissen waren, hatte die Reichsbahn schon in den Jahren vor dem Zusammenschluss mit ihren modernen E-Loks der Baureihe 143 der DB ausgeholfen. Bis heute bilden sie in vielen Regionen ein wichtiges Rückgrat des Schienenverkehrs.

Es überrascht nicht, dass sich seit 1994 dieser Fahrzeugpark erheblich verändert hat. Viele Baureihen sind ausgeschieden, zahlreiche neue Baureihen und Unterbaureihen

kamen hinzu und werden noch hinzukommen. Außerdem führte die Regionalisierung des Nahverkehrs zu einer großen Typenvielfalt bei den elektrischen und noch mehr bei den dieselbetriebenen Triebwagen. Weil alle Bundesländer die Nahverkehrsleistungen auf ihrem Schienennetz selbst bestellen, achten diejenigen mit dort noch ansässigen Produzenten von Schienenfahrzeugen darauf, dass die Fahrzeuge oder Teile möglichst im eigenen Bundesland hergestellt werden. In Einzelfällen wurden aus politischen Gründen einige Fahrzeugtypen in einer so geringen Anzahl beschafft, dass sie die früheren Staatsbahnen als Splittergattungen betrachtet hätten.

Nicht mit aufgenommen in diesen Typenkompass wurden die Leihlokomotiven oder von im Ausland agierenden Tochtergesellschaften der DB AG, also z. B. die Loks der Baureihe 247 (266, Class 66) von Euro Cargo Rail oder die angemieteten Rangierloks vom Typ Vossloh G 6 (Baureihe 0650).

Jan Reiners
Bremen, Mai 2015

Inhalt

99 701–713

Die DB AG übernahm 13 Maschinen der ehemaligen sächsische IV K von der DR. Die Gelenkloks der Bauart Meyer (ex Baureihe 99^{51-60}) waren noch auf den verbliebenen sächsischen Schmalspurbahnen im Einsatz. Dabei handelte es sich um sogenannte Umbauloks.

In den 1950er-Jahren hatte die DR noch insgesamt 57 ehemalige IV K eingesetzt, deren technischer Zustand aber zwischen 1955 und 1960 immer schlechter wurde. Doch gelang es der DR nicht, neue Dampf- bzw. moderne Diesellokomotiven zu beschaffen. Aus diesem Grund machte das Raw Görlitz den Vorschlag, die IV K einer Generalreparatur (GR) zu unterziehen. Dabei erhielten die Loks einen geschweißten Ersatzkessel des Raw Halberstadt. Bei den GR-Arbeiten stellte sich heraus, dass auch die Rahmen und Drehgestelle zahlreicher IV K verschlissen waren. Aus der GR machte die DR deshalb bei vielen Maschinen eine »Großteilerneuerung«, ein extra zu diesem Zweck neueingeführter Begriff. 22 IV K bekamen bis 1967 eine Großteilerneuerung, acht Loks erhielten eine GR. Trotz dieser Modernisierung nahm der Bestand weiter ab, nicht zuletzt auf Grund der Einstellung weiterer Bimmelbahnen. Mit der Einführung des neuen Nummernschemas von DB

Baureihe ab 1992	099 701–713
Baureihe bis 1992	99^{15}
Bauart	B'B'n4vt
Betriebsgattung	K 44.7*
Länge über Puffer (mm)	9.000
Höchstgeschwindigkeit (km/h)	30/30**
Treib- und Kuppelraddurchmesser (mm)	760
Kesselüberdruck (bar)	15
Rostfläche (m²)	0,97
Verdampfungsheizfläche (m²)	49,87
Dienstmasse (2/3 Vorräte) (t)	29,3
Brennstoffvorrat (t)	1,2
Wasserkasteninhalt (m3)	2,4
indizierte Leistung (PSi)	220
indizierte Zugkraft (Mp)	4,5
* ab 99 586: K 44.8	
** vorwärts/rückwärts	

und DR zum 1.1.1992 erhielten noch 13 Maschinen die Nummern 099 701 bis 099 713; vornehmlich eingesetzt im Güterzugdienst auf der Strecke Oschatz–Mügeln–Kemmlitz). Mit der Abgabe der letzten Bimmelbahnen an private Betreiber gab die DB AG auch diese Maschinen Stück für Stück ab. 18 modernisierte Loks blieben erhalten, einige verkehren noch immer auf den sächsischen Schmalspurbahnen.

99 722–757

Zum Bestand der DB AG zählten am 1.1.1994 auch 14 Exemplare der Einheitsloks Baureihe 99^{73-79}, von denen die DRG zwischen 1928 und 1933 insgesamt 32 Exemplare beschaffte. Nach 1945 besaß die DR noch 22 Maschinen, die ab 1955 vor allem auf den Strecken Freital-Hainsberg–Kurort Kipsdorf und Zittau–Bertsdorf–Oybin/Jonsdorf eingesetzt waren. Ab 1963 ersetzte man bei 14 Loks die verschlissenen Dampferzeuger durch neue, geschweißte Kessel.

In das Eigentum der DB AG gingen auch 20 Schmalspurdampfloks der ehemaligen Baureihe 99^{77-79} über, der ersten Neubau-Dampflok der DR nach dem Zweiten Weltkrieg. Sie sind auch als Neubau-VII K bekannt. Die Reparationsleistungen für die UdSSR hatten die Zahl der Schmalspurloks der DR stark verkleinert, deshalb orderte die DR im Jahr 1950 beim LKM Babelsberg eine 1´E1´h2-Tenderlok für 750 mm Spurweite. Im Sommer 1952 konnte DR endlich das Baumuster 99 771 abnehmen. Im Unterschied zu den Einheitsloks Baureihe 99^{73-76} hatten die Neubauloks einen geschweißten Blechrahmen – der sich später als zu schwach erweisen sollte –, größere Vorratsbehälter und einen geschweißten Kessel mit größerer Rostfläche für die Verfeuerung von Braunkohle. Die DR bekam bis 1957 insgesamt 24 Neubaudampfloks. Für 14 Maschinen

Baureihe ab 1992	099 722–757
Baureihe bis 1992	99.17
Bauart	1´E 1´h2t
Betriebsgattung	K 57.9
Länge über Puffer (mm)	10.540/10.000*
Höchstgeschwindigkeit (km/h)	30/30**
Treib- und Kuppelraddurchmesser (mm)	800
Laufraddurchmesser (mm)	550
Kesselüberdruck (bar)	14
Rostfläche (m^2)	1,74/2,57*
Verdampfungsheizfläche (m^2)	80,3/76,9*
Dienstmasse (2/3 Vorräte) (t)	53,9/51,9*
Brennstoffvorrat (t)	2,5/4,0*
Wasserkasteninhalt (m^3)	5/5,8*
indizierte Leistung (PS_i)	650
indizierte Zugkraft (Mp)	8,5
* Neubauloks 099 736–757	
** vorwärts/rückwärts	

fertigte das Raw Görlitz in den Jahren 1991 und 1992 neue Kessel und neue Rahmen. Bei der DB AG erhielten sie die Nummern 099 736 bis 757. Mit der Abgabe der Schmalspurbahnen durch die DB AG verschwanden auch diese Loks aus ihrem Bestand. Doch auch im Jahr 2015 kann man die Lokomotiven noch im Einsatz erleben.

Baureihe 101

Anfang der 1990er-Jahre zeigten sich nach über 20 Dienstjahren zunehmend Verschleißerscheinungen an den Lokomotiven der Baureihe 103. Ende 1994 bestellte die DB AG deshalb bei ABB Henschel insgesamt 145 vierachsige Maschinen mit der neuen Baureihennummer 101 für den hochwertigen Reiseverkehr.

Zwischen dem 1. Juli 1996 und dem 18. Juni 1999 lieferte die Firma ADtranz, zu der ABB Henschel mittlerweile gehörte, die Maschinen 101 001–145 aus.

Ihr Fahrzeugkasten entstand in konventioneller Stahlbauweise aus einem U-förmigen Rahmen, einem Kastengerippe mit aufgeschweißten Blechen sowie drei abnehmbaren Dachteilen.

Zwei Flexifloat-Drehgestelle mit vergleichsweise kurzen Radsatzständen von nur 2.650 mm und geringen ungefederten Massen gewährleisten auch in engen Kurven gute Fahreigenschaften. Auf jeden Radsatz wirkt ein integrierter Gesamtantrieb (IGA) aus Drehstrom-Asynchron-Fahrmotor, Getriebe und innen belüfteter Scheibenbremse. Das Drehmoment zwischen Getriebe und Radsatz überträgt eine Gelenkhohlwelle.

Baureihe	101
Radsatzanordnung	Bo'Bo'
Stromsystem	15 kV/16,7 Hz ~
V_{max} (km/h)	220
Leistung (kW)	6.400
Dienstmasse (t)	83,0
Radsatzfahrmasse (t)	21,0
Länge über Puffer (mm)	19.100
Raddurchmesser (mm)	1.250
Indienststellung	1996–1999

Hauptkomponenten der Starkstromausrüstung sind der 13 Tonnen schwere Haupttransformator sowie die Stromrichter mit den GTO-Thyristoren. Die Fahr- und Bremssteuerung übernimmt das Leitsystem MICAS-S mit 16-Bit-Rechner. Das daran angeschlossene Diagnosesystem DAVIS unterstützt Wartung.

Anfang 2015 waren alle Loks Hamburg beheimatet und in nahezu ganz Deutschland unterwegs. Einige von ihnen waren mit bunten Werbefolien zu unterschiedlichen Produkten beklebt, was das Aussehen der Loks stark veränderte.

Baureihe 102

Mitte 2013 gewann DB Regio Oberbayern die Ausschreibung für den Weiterbetrieb des bereits seit 2006 verkehrenden München-Nürnberg-Express (NBE). Weil sie dafür aber die bisherigen Loks der Baureihe 101 und die älteren Reisezugwagen – beide von DB Fernverkehr angemietet – nicht mehr einsetzen kann, musste sich DB Regio nach neuen Fahrzeugen umsehen. Dabei wurde sie beim tschechischen Hersteller Škoda fündig, der für diesen Einsatz eine besondere Version seines Ellok-Typs 109 E anbot. Dazu gehören vollkommen neu konstruierte Doppelstock-Wendezüge. Die vierachsigen Lokomotiven haben wassergekühlte IGBT-Stromrichter mit Vierquadrantenstellern. Sämtliche Fahrmotoren lassen sich über Antriebswechselrichter einzeln ansteuern. Im Unterschied zu den übrigen Versionen ist die deutsche Ausführung nur als Einsystem-Maschine für das deutsche Wechselspannungsnetz ausgelegt. Die Loks sind für den Einbau des einheitlichen europäischen Sicherheitssystems ECTS vorbereitet und haben dyna-

Baureihe	102
Radsatzanordnung	Bo'Bo'
Stromsystem	15 kV/16,7 Hz ~
V_{max} (km/h)	200
Leistung (kW)	6.400
Dienstmasse (t)	86,0
Radsatzfahrmasse (t)	21,5
Länge über Puffer (mm)	18.000
Raddurchmesser (mm)	1.250
Indienststellung	2016–

mische Bremsen, die Energie in die Oberleitung zurückspeisen. Die druckertüchtigten Führerräume haben Heiz-, Lüftungs- und Klimaanlage. Die DB hat zunächst sechs Lokomotiven bestellt und wird sie als Baureihe 102 bezeichnen. Zu jeder Lok gehören sechs Doppelstockwagen inklusive Steuerwagen, die ebenfalls von Škoda geliefert werden. Diese verkehrsroten Garnituren können bis zu 200 km/h schnell fahren. Der Beginn des Einsatzes ist zum Winterfahrplan 2016 vorgesehen.

Baureihe 103⁰, 103¹

Ende 1962 orderte die DB vier Probelokomotiven der Baureihe E 03 bei Henschel (mechanischer Teil) und SSW (elektrischer Teil). Auf der Internationalen Verkehrsausstellung 1965 in München waren die Maschinen erstmals zu sehen. Für die Besucher unternahm E 03 001 zwischen Augsburg und München Hochgeschwindigkeitsfahrten mit bis zu 200 km/h.
In den Loks testete die DB den Henschel-Verzweigerantrieb (E 03 001 und 003) und den SSW-Gummiringfeder-Kardan-Hohlwellenantrieb (E 03 002 und 004), den man später für die Serie wählte. Von 1970 bis 1974 lieferten Krauss-Maffei, Henschel und Krupp insgesamt 145 leistungsstärkere Serienmaschinen. Die elektrische Ausrüstung stammte von SSW, AEG und BBC.
Der Lokkasten sitzt auf einem Rahmen aus Brücken- und außen liegenden Langträgern. Die drei Maschinenraumhauben sind abnehmbar. Die Drehgestelle ohne Drehzapfen werden in Tiefanlenkung geführt. Ein 39-stufiges Hochspannungsschaltwerk mit Thyristor-Lastschalter steuert die sechs zwölfpoligen Wechselstrom-Reihenschlussmotoren.

Baureihe	103⁰, 103¹
Radsatzanordnung	Co'Co'
Stromsystem	15 kV/16,7 Hz ~
V_{max} (km/h)	200
Leistung (kW)	6.420*/7.080
Dienstmasse (t)	112,0*/114,0
Radsatzfahrmasse (t)	18,8
Länge über Puffer (mm)	19.500**
Raddurchmesser (mm)	1.250
Indienststellung	1965*, 1970–1974
* 103⁰	
** ab 103 216: 0.200 mm	

Die Loks besitzen Sifa, Indusi, LZB und eine halbautomatische Geschwindigkeitsregelung. 103 216 bis 245 bekamen einen 700 mm längeren Rahmen, damit beide Führerstände vergrößert werden konnten.
Zwischen 1986 und 1997 wurden die vier Prototypen ausgemustert. Nach rund 30 Jahren im schweren Reisezugdienst rollten bis Dezember 2002 auch die meisten Serienloks aufs Abstellgleis. Anfang 2015 standen nur noch 103 113 und 245 bei der DB im Einsatz.

Baureihe 109

Als die Deutsche Reichsbahn der DDR am 1. September 1955 zwischen Halle (Saale) und Köthen wieder die elektrische Zugförderung aufnahm, konnte sie nur Baureihen aus der Vorkriegszeit einsetzen, die aber bald nicht mehr den Ansprüchen der Zeit genügten. Deshalb musste eine neue Ellok für den Reisezugdienst beschafft werden, die LEW Hennigsdorf entwickelte. Anfang 1961 trafen die beiden Baumuster E 11 001 und E 11 002 im Raw Dessau ein. Weil die Maschinen keine gravierenden Mängel aufwiesen, begann schon im Herbst 1962 die Serienlieferung der E 11. Bis Herbst 1963 erhielt die DR 40 Loks der neuen Baureihe. Eine zweite Serie folgte in den 1970er-Jahren; 211 096 wurde als letzte Maschine 1976 geliefert.

Der selbsttragende Leichtbau-Lokkasten ist mit dem Hauptrahmen verschweißt. Die beiden mit einer Kupplung verbundenen Drehgestelle bestehen aus Stahlblech-Hohlträgern. Die Fahrmotoren sind am Drehzapfenträger aufgehängt. Das motorbetriebene Nockenschaltwerk hat 14 Fahrstufen. Dem Antrieb dienen vier fremdbelüftete, zwölfpolige Wechselstrom-Reihen-

Baureihe ab 1992	109
Baureihe bis 1992	211
Radsatzanordnung	Bo'Bo'
Stromsystem	15 kV/16,7 Hz ~
V_{max} (km/h)	120
Leistung (kW)	2.920*
Dienstmasse (t)	82,0
Radsatzfahrmasse (t)	20,5
Länge über Puffer (mm)	16.320
Raddurchmesser (mm)	1.350
Indienststellung	1961–1977
* E 11 001 bis E 11 007: 2.760 kW	

schlussmotoren mit Wendepol- und Kompensationswicklung.

Zwischen 1985 und 1991 baute das Raw Dessau 22 Maschinen zur Baureihe 242[3] um. In den 1990er-Jahren gab es für die nunmehrige Baureihe 109 keine Aufgaben mehr. Die Mehrzahl der Loks wurden 1993/94 ausgemustert. 1995 waren die letzten vier Exemplare in Halle (Saale) stationiert. Die letzte planmäßige Leistung erbrachte 109 089 am 23. Mai 1998.

Baureihe 110^1, 110^3, 115

Das Einheitslokbauprogramm der Deutschen Bundesbahn von 1954 sah den Bau einer Lok für den Eilzug- und Schnellzugdienst mit der Baureihenbezeichnung E 10 vor. Ausführlich testete die DB die fünf Vorserienmaschinen E 10 001 bis 005. Nachdem man die Idee einer Universallok verworfen hatte, konzentrierten sich die Ingenieure darauf, eine Lok für den Personenverkehr zu entwickeln. Die Konstruktionsarbeiten übernahmen 1954 Krauss-Maffei (mechanischer Teil) und SSW (elektrischer Teil).

Die erste Serienlok der neuen Baureihe E 10^1 erhielt die DB 1956. Am Serienbau 1956 bis 1963 waren außerdem Henschel und Krupp (mechanische Teile) sowie AEG und BBC (elektrische Teile) beteiligt. Mit Einführung des EDV-gerechten Nummernsystems 1968 wurden die Lokomotiven als 110 001–264 bzw. 271–287 eingereiht.

Lokomotivkasten und Brückenrahmen sind geschweißt. Auf dem Dach sitzen Scherenstromabnehmer der Bauart DBS 54a. Für den Antrieb sorgen vier 14-polige Einphasen-Rei-

henschluss-Fahrmotoren sowie der bewährte SSW-Gummiringfeder-Antrieb.

1962 ließ die DB sechs Maschinen aus der laufenden Bauserie der E 10^1 mit einer veränderten Getriebeübersetzung für 160 km/h ausrüsten. Die als E 10 1239–1244 bezeichneten Loks sollten den Rheingold befördern und waren deshalb in seinen Farben Blau und Elfenbein lackiert. Die Form des Lokkastens entsprach der E-10^1-Serienausführung. Aber bereits wenige Monate später ließ die DB die Loks zurückbauen und reihte sie als E 10 239–244 ein.

Den Rheingold zogen stattdessen die neu ausgelieferten Lokomotiven E 10 1265–1270, die eigens eine neue aerodynamisch gestaltete Front erhielten. Diese neue Gestaltung erhielt bei den normalen Serienloks die E 10 288 als erste.

Die als E 10^3 (ab 1968: 110^3) bezeichneten Maschinen unterscheiden sich von der E 10^1 durch den strömungsgünstigeren Aufbau mit dem charakteristischen Frontknick – besser bekannt als »Bügelfalte« – sowie die verkleideten Puffer, die Schürze unter den Puffern und

das durchlaufende seitliche Lüftungsschlitz-band. Technisch sind E 10^3 und E 10^1 nahe-zu gleich. Die Fertigung der Bügelfalten-E 10 übernahmen Krauss-Maffei, Henschel und Krupp (mechanischer Teil) sowie von AEG, BBC und SSW (elektrischer Teil). Bis 1969 stellte die DB 379 Maschinen der Baureihe 110 in Dienst.

Die Mehrzahl der Maschinen gelangte in den Bestand der DB AG. Ab 2005 gab DB Regio einige 110er an DB Autozug ab, wo sie als Baureihe 115 eingereiht wurden.

Inzwischen sind außer 110 169 von System-technik Minden alle 110 aus dem aktiven Dienst ausgeschieden. Die Maschinen der Bau-reihe 115 – die inzwischen wieder zu DB Fern-verkehr gehören – werden noch unter anderem auf der Gäubahn Stuttgart–Singen und auf der Emslandstrecke vor IC-Zügen, ansonsten meist vor Sonderzügen eingesetzt. Sie sind alle in Berlin-Rummelsburg beheimatet. Seit 2011 trägt 115 509 eine Vollbeklebung, die auf das Jubiläum »50 Jahre Auto im Zug« hinweist, alle anderen Loks sind verkehrsrot.

Baureihe	110, 115
Radsatzanordnung	Bo'Bo'
Stromsystem	15 kV, 16,7 Hz ~
V_{max} (km/h)	150*
Leistung (kW)	3.700
Dienstmasse (t)	84,6/86,0**
Radsatzfahrmasse (t)	21,2/21,5**
Länge über Puffer (mm)	16.490/16.440**
Raddurchmesser (mm)	1.250
Indienststellung	1956–1969
* später 140 km/h	
** Baureihe 110^3	

Baureihe 111

Nach dem Produktionsende der Baureihe 110 machte die weitere Streckenelektrifizierung der DB den Bau einer weiterer E-Loks notwendig. Die neue Baureihe 111 ist nichts anderes als eine technisch überarbeitete Version der Baureihe 110. So ist die elektrische Ausrüstung (Trafo, Schaltwerk, Motoren) weitgehend identisch mit jener der Baureihe 110. Wesentliche Verbesserungen bestanden in neuen Drehgestellen, einer geänderten Abstützung des Lokkastens, bei der Kühlluftführung, den modernen, größeren Führerständen sowie der Wendezug- und Mehrfachsteuerung. Darüber hinaus wurde die Leistungsfähigkeit der elektrischen Widerstandsbremse von 1.200 kW auf 2.000 kW erhöht. Motoren, Schaltwerk und Trafo wurden von der 110 übernommen. Bis 1984 lieferten AEG, BBC, Henschel, Krauss-Maffei, Krupp und Siemens insgesamt 227 Maschinen.
Für den S-Bahn-Einsatz im Verkehrsverbund Rhein-Ruhr erhielten die ab 1978 gelieferten 111 111–188 eine S-Bahn-Ausrüstung, zeitmultiplexe Wendezugsteuerung (ZWS) sowie die S-Bahn-Farbgebung orange/lichtgrau.

Baureihe	111
Radsatzanordnung	Bo'Bo'
Stromsystem	15 kV/16,7 Hz ~
V_{max} (km/h)	160
Leistung (kW)	3.620
Dienstmasse (t)	83,0
Radsatzfahrmasse (t)	21,0
Länge über Puffer (mm)	16.750
Raddurchmesser (mm)	1.250
Indienststellung	1975–1984

Wegen der guten Laufeigenschaften und der leistungsstarken Widerstandsbremse konnte im Mai 1980 die zulässige Höchstgeschwindigkeit der Baureihe 111 von 150 auf 160 km/h erhöht werden. Für den Einsatz vor Doppelstockzügen rüstete man zwischenzeitlich die 111 111–227 mit zeitmultiplexer Wendezug- und Doppeltraktionssteuerung (ZWS/ZDS) nach- bzw. aus. Inzwischen sind die ersten Maschinen altersbedingt aus dem Bestand ausgeschieden. 111 059 gehört inzwischen zur FWM Minden (Fahrwegmessung) und trägt einen gelben Anstrich.

■ 14

Baureihe 112, 114

Die Deutsche Reichsbahn der DDR benötigte Ende der 1970er-Jahre immer dringender neue Elektrolokomotiven. 1980 erhielt deshalb der LEW Hennigsdorf den Auftrag, eine Schnellzug- und eine Mehrzwecklokomotive zu entwickeln. Wesentliche Teile der Konstruktion beider Maschinen sollten gleich sein. Beim Antrieb entschieden sich die Konstrukteure gegen den Drehstrom- und für den Gummikegelringfeder- antrieb, der sich bereits in den Lokomotiven der Baureihe 155 (bis 1992: Baureihe 250) bewährte. Auf der Leipziger Frühjahrsmesse des Jahres 1982 präsentierte der LEW Hen- nigsdorf den staunenden Besuchern erstmals die Lok 212 001. Im Anschluss an die Messe absolvierte die Lok mehrere Probefahrten. Doch im Herbst 1983 bauten die Mitarbeiter des Raw Dessau die Maschine zur 243 001 (ab 1992: Baureihe 143) um. Die Baureihe 212 sollte vorerst nicht in Serie gebaut werden, da zu diesem Zeitpunkt bei der DR kein Bedarf für eine 160 km/h schnelle Elektrolok bestand. Das änderte sich nach der Vereinigung der beiden deutschen Staaten: Im Herbst 1990 ließ die DR vier Lokomotiven aus der Serienproduktion

Baureihe ab 1992	112, 114
Baureihe bis 1992	212
Radsatzanordnung	Bo'Bo'
Stromsystem	15 kV/16,7 Hz ~
V_{max} (km/h)	160
Leistung (kW)	4.220
Dienstmasse (t)	82,5
Radsatzfahrmasse (t)	20,0
Länge über Puffer (mm)	16.640
Raddurchmesser (mm)	1.250
Indienststellung	1991*, 1992–1994
*Baureihe 112⁰	

der Baureihe 243 für 160 km/h umbauen und stellte sie als Baureihe 212 in Dienst. Die er- folgreichen Probefahrten veranlassten die DR, 35 weitere Maschinen zu bestellen.
Die guten Erfahrungen mit den 40 Maschi- nen der Baureihe 112⁰ veranlassten die DR zur Beschaffung weiterer Maschinen dieses Typs. In dieser Zeit fielen aber große politische Umwälzungen. So hatten sich beide Teile Deutschlands 1990 wieder vereinigt und auch die Zusammenführung beider Deutscher Staats-

bahnen warf schon seine Schatten voraus. Deshalb betraten DR und DB im Jahr 1992 Neuland und beschafften mit der 112 erstmals gemeinsam eine Lokomotivbaureihe. Insgesamt orderten beide Bahnverwaltungen bei ihrer Gemeinschaftsbestellung 90 Exemplare der neuen Baureihe 112^1, die zwischen Ende 1992 und Mai 1994 je zur Hälfte an die DR (112 101–145) und die DB (112 146–190) ausgeliefert wurden.

Der Brückenträger stützt sich samt Lokkasten über sechs Flexicoil-Schraubenfedern auf beide Drehgestelle ab. Die Dachhauben über dem Maschinenraum können abgenommen werden. So lassen sich Aggregate leicht austauschen. Die Lüftungsöffnungen in den Dachschrägen haben Fliehkraft-Sedimentations-Abscheidegitter. Die Maschinen haben einen fremdbelüfteten Dreischenkel-Kerntransformator und ein motorbetriebenes Hochspannungs-Stufenschaltwerk mit Thyristorschalter. Die zwölfpoligen Wechselstrom-Reihenschlussmotoren übertragen ihr Drehmoment auf einen Hohlwellenantrieb mit Gummiringkegelfeder.

Äußerlich unterscheiden sich die 112^1 durch die kleinen, einfachen Reflektor-Scheinwerfer von den 112^0 mit ihren großen Doppellampen. Zu den weiteren Modifikationen zählten die Ausrüstung mit ZWS/ZDS, MFA, Halogenstirnlampen, veränderten Lüftergittern und MESA 2002. Außerdem rüstete man alle Lokomotiven der Baureihe 112^1 mit LZB (I 80), ep-Bremse, HDP-Führerbremsventilanlage und selektivem Schleuderschutz aus.

Die von DB Regio übernommenen Loks der Baureihe 112^0 wurden zur besseren Unterscheidung im Jahr 2000 als Baureihe 114 eingereiht. Sie werden heute von Cottbus, Frankfurt/Main und Magdeburg meist mit Doppelstock-Wendezügen im Regionalverkehr eingesetzt. Die ehemalige 112 025 wird als 114 501 von DB Systemtechnik in Minden vor Messzügen in ganz Deutschland eingesetzt. Auch die Loks der Reihe 112^1 gehören inzwischen zu DB Regio. Sie sind in Braunschweig, Cottbus, Dortmund, Kiel, Magdeburg und Rostock beheimatet, wo sie die gleichen Aufgaben wie die 112^0 erfüllen.

Baureihe 113, 114

Zur Beförderung des legendären Fernschnellzuges »Rheingold« beschaffte die Deutsche Bundesbahn in den Jahren 1962 bis 1968 die Baureihe E 10^{12}. Erste angelieferte Lok für die anspruchsvolle Aufgabe war E 10 1265. Es folgten 1964 mit den E 10 1308–1312 fünf weitere Loks, ehe das Kapitel »Rheingold-Maschinen« mit den 1968 bereits mit EDV-gerechten Nummern abgelieferten Loks 112 485–504 abgeschlossen wurde. Technisch waren die E 10^{12} weitgehend wie die Loks der Baureihe E 10^1 (ab 1968: Baureihe 110) aufgebaut, eine veränderte Getriebeübersetzung machte sie jedoch 160 km/h schnell. Gefertigt wurden sie von Krauss-Maffei, Henschel und Krupp (mechanischer Teil) sowie von AEG, BBC und SSW (elektrischer Teil). Lokkasten und Brückenrahmen entstanden in moderner Schweißtechnik. Den Strom nehmen zwei Scherenstromabnehmer der Bauart DBS 54a ab. Die als SSW-Gummiringfeder-Antrieb angelegten vier 14-poligen Einphasen-Reihenschluss-Fahrmotoren sorgten für gute Fahrleistungen.
Im Sommer 1985 begrenzte die DB die Höchstgeschwindigkeit der Lokomotiven

Baureihe	113
Radsatzanordnung	Bo'Bo'
Stromsystem	15 kV/16,7 Hz ~
V_{max} (km/h)	160
Leistung (kW)	3.700
Dienstmasse (t)	86,0
Radsatzfahrmasse (t)	21,5
Länge über Puffer (mm)	16.440
Raddurchmesser (mm)	1250
Indienststellung	1962–1968

112 485 bis 112 504 wegen schlechter Laufeigenschaften aufgrund von Verschleiß auf 140 km/h. Um sie besser von ihren schnelleren Schwestermaschinen zu unterscheiden, wurden sie 1988 in 114 485–504 umgezeichnet; seit 1991 tragen sie die Nummern 110 485–504. Die übrigen 112er zeichnete die DB 1992 in die Baureihe 113 um, da die Baureihenbezeichnung 112 an die ehemalige DR-Baureihe 212 vergeben wurde.
Inzwischen sind alle Loks der Baureihe E1012 bei der DB aus dem aktiven Dienst ausgeschieden. 113 311 befindet sich als Exponat im DB Museum in Koblenz-Lützel.

Baureihe 120⁰, 120¹, 120²

1979 lieferte Krauss-Maffei die erste Vorserienlok der Baureihe 120 an die DB. Bis 1980 folgten vier weitere Maschinen. Die 120 war weltweit die erste Vollbahnlok mit Drehstrom-Asynchronmotoren. Mit den Prototypen wollte die DB die Möglichkeiten der neuen Drehstromtechnik im Schnellzug- und Güterzugverkehr untersuchen. Gedacht war an eine Universallok. Den mechanischen Teil der 120 lieferten Krauss-Maffei, Krupp und Henschel, den elektrischen BBC. Der Rahmen und der Aufbau sind selbsttragende Konstruktionen. Darüber hinaus besitzen die Loks Neuerungen wie querbewegliche Drehzapfen, Monoblocräder und Leichtmetall-Achslagergehäuse.

Bei Versuchsfahrten erreichte 120 001 im Jahr 1984 eine Höchstgeschwindigkeit von 265 km/h.

Nach umfangreicher Erprobung begann 1987 die Fertigung der Serienloks 120 101–160. Sie erhielten eine zeitmultiplexe Wendezug- und Doppeltraktionssteuerung, zusätzliche Bremsen sowie eine Druckdichtigkeits-Ausrüstung für den Einsatz auf Neubaustrecken.

Die Prototypen wurden mittlerweile alle ausgemustert. 120 003 ist im Bahnpark Augsburg.

Baureihe	120⁰, 120¹, 120²
Radsatzanordnung	Bo'Bo'
Stromsystem	15 kV/16,7 Hz ~
V_{max} (km/h)	200
Leistung (kW)	5.600
Dienstmasse (t)	83,2
Radsatzfahrmasse (t)	21,0
Länge über Puffer (mm)	19.200
Raddurchmesser (mm)	1.250
Indienststellung	1979–1980*, 1978–1989
* Baureihe 120⁰	

120 005 steht als Leihgabe im Eisenbahnmuseum Weimar. Eine Besonderheit stellen 120 153 und 160 dar, die an die DB Systemtechnik Minden verkauft und in 120 501 und 502 umgezeichnet wurden. Während 120 502 inzwischen gelb lackiert als 120 160 durch ganz Deutschland fährt, ist 120 501 weiterhin verkehrsrot unterwegs.

Für den Einsatz vor dem »Hanse-Express« Hamburg–Rostock und im Raum Aachen übernahm DB Regio acht Exemplare, die ein »Nahverkehrs-Paket« und die neuen Nummern 120 201–208 erhielten.

Baureihe 139, 140

Im Einheits-Typenprogramm von 1954 war die Baureihe E 40 als möglichst universell einsetzbare Elektrolokomotive vorgesehen, die vor allem mitte schwere Güterzüge befördern sollte. Zwischen 1957 und 1973 entstanden 879 Exemplare. An ihrem Bau waren außerdem die Unternehmen BBC, AEG, Henschel und Krupp beteiligt.

Ihr Lokkasten besteht aus einem Profilstahlgerippe, auf das Bleche aufgeschweißt wurden. Dach, Rahmen und Verkleidung bilden eine selbsttragende Einheit. Auf den Einbau einer elektrischen Widerstandsbremse wie bei der E 10 wurde verzichtet. Vier 14-polige Wechselstrom-Reihenschlussmotoren treiben die Loks mittels SSW-Gummiringfederantrieb an. Die E 40 erhielt den neu entwickelten Stromabnehmer der Bauart DBS 54a. Änderungen und Umbauten an Lampen, Lüftungsgittern, Regenrinnen und Handgriffen veränderten das Aussehen der verschiedenen Bauserien.

In den Jahren 1959/60 und 1964/65 stattete die DB 31 Loks Baureihe E 40 mit einer elektrischen Widerstandbremse aus und reihte sie

Baureihe	139, 140
Radsatzanordnung	Bo'Bo'
Stromsystem	15 kV/16,7 Hz ~
V_{max} (km/h)	110
Leistung (kW)	3.700
Dienstmasse (t)	83/84,6*
Radsatzfahrmasse (t)	20,9/21,1*
Länge über Puffer (mm)	16.440
Raddurchmesser (mm)	1.250
Indienststellung	1957–1973
* Baureihe 139	

als Baureihe E 40[11] (ab 1968: Baureihe 139) ein. Diese Loks sollten vor allem auf den Steilstrecken Erkrath–Hochdahl, Altenhundem–Welschen-Ennest und der bekannten Höllentalbahn im Schwarzwald eingesetzt werden.

Zwar haben die Loks der Baureihen 139 und 140 schon lange das Ende ihrer Nutzungszeit erreicht, aber trotzdem kann die Bahn noch nicht ganz auf sie verzichten. So sind auch 2015 noch einige Exemplare beider Baureihen im Einsatz.

19 ■

Baureihe 141

Das Einheits-Typenprogramm der Deutschen Bundesbahn von 1954 enthielt eine Mehrzwecklokomotive, die leichte Personen- und Güterzüge auf Haupt- und Nebenbahnen befördern sollte. Henschel (mechanischer Teil) und BBC (elektrischer Teil) entwarfen mit der Baureihe E 41 eine der vielseitigsten einsetzbaren Elektrolokomotiven der DB. Das erste Exemplar der neuen Baureihe lieferten die Hersteller 1956 ab. Dabei achteten sie auf eine möglichst leichte Bauweise, um Gewicht und Energie zu sparen, da die Maschine vor allem auf Nebenbahnen eingesetzt werden sollte. Auch für diese Type übernahm man die geschweißte Konstruktion der elektrischen Einheitslokomotiven. Aufgrund der geringeren Leistung erhielt die E 41 einen kleineren und damit auch preiswerteren Trafo. Aus denselben Gründen – Kosten und Gewicht – erhielt die Lok ein Niederspannungs-Schaltwerk. Vier zehnpolige Reihenschlussmotoren treiben die Loks über ein einseitiges Vorgelege und den SSW-Gummiringfederantrieb an. Zum Bremsen dient eine einlösige Knorr-Einkammer-Druckluftbremse. Alle 451 Maschinen der Baureihe

Baureihe	141
Radsatzanordnung	Bo'Bo'
Stromsystem	15 kV/16,7 Hz ~
V_{max} (km/h)	120
Leistung (kW)	2.400
Dienstmasse (t)	67,0
Radsatzfahrmasse (t)	16,8
Länge über Puffer (mm)	15.660
Raddurchmesser (mm)	1.250
Indienststellung	1956–1969

E 41 (ab 1968: Baureihe 141) waren mit einer Wendezugsteuerung ausgerüstet, was einen großflächigen Wendezugbetrieb bei der DB ermöglichte.
Bereits 1987 musterte die DB die ersten Loks aus, meist aufgrund von Schäden. Die letzten vier Exemplare – 141 400, 401, 402 und 439 – stellte die DB AG im Dezember 2006 ab. Die Frankfurter E 41 001 erhielt 1997 wieder das Farbkleid, das sie bei der Ablieferung trug: blau mit silbernem Dach und Regenrinne. Sie bleibt zusammen mit weiteren E 41 der Nachwelt erhalten.

Baureihe 142

Die Deutsche Reichsbahn der DDR brauchte Ende der 1950er-Jahre neue elektrische Lokomotiven. Zum einen benötigte die DR eine Maschine für den schnellen Reisezugdienst, zum anderen eine langsamere Lok mit einem universellen Einsatzprofil. Nachdem man für den Reisezugdienst bereits die Baureihe E 11 (ab 1992: Baureihe 109) entwickelt hatte, sollte diese mit der Neukonstruktion in wesentlichen Bauteilen übereinstimmen. Somit bildete die E 11 die Grundlage für die Konstruktion der neuen Baureihe E 42. Die Arbeiten übernahm der LEW Hennigsdorf, der Anfang 1963 die beiden Baumuster an die DR übergab. Die geänderten Radsatzgetriebe sorgten dafür, dass die E 42 nur 110 km/h schnell war. Weil sich die E 42 als eine ausgereifte Konstruktion erwies, begann relativ schnell die Serienlieferung. Bis zum Sommer des Jahres 1969 lieferte LEW insgesamt 173 Maschinen an die DR, doch erst mit der Indienststellung der 242 292 endete 1976 der Bau dieser E-Lok-Type. 1985 bis 1991 erhöhte sich der Bestand durch den Umbau von 22 Maschinen der Baureihe 211

Baureihe ab 1992	142
Baureihe bis 1992	242
Radsatzanordnung	Bo'Bo'
Stromsystem	15 kV/16,7 Hz ~
V_{max} (km/h)	100
Leistung (kW)	2.920/2.760*
Dienstmasse (t)	82,5
Radsatzfahrmasse (t)	20,6
Länge über Puffer (mm)	16.260
Raddurchmesser (mm)	1.350
Indienststellung	1963–1976
* E 42 001 und E 42 002	

in die Baureihe 242[3]. 1992 führte die DR noch 305 Exemplare der nunmehrigen Baureihe 142 in ihren Bestandslisten. Kurze Zeit später begann die Ausmusterung der bewährten Loks. Die letzten Planeinsätze absolvierten die Maschinen im Mai 1998. Wenige Wochen hielt man noch insgesamt 30 Maschinen als Reserve vor, doch am 31. Juli 1998 musterte die DB AG die letzten elf Exemplare aus. Einige Loks sind heute noch bei Privatbahnen unterwegs.

Baureihe 143

Wegen der hohen Ölpreise wurden in der DDR seit 1981 zunehmend die Eisenbahnstrecken elektrifiziert. Für den Verkehr auf diesen Strecken brauchte die Deutsche Reichsbahn (DR) dringend neue elektrische Lokomotiven. Die DR wünschte sich eine Mehrzweck-Maschine für den Personen- und Güterverkehr mit einer Höchstgeschwindigkeit von 120 km/h. Diese stand ab Herbst 1983 zur Verfügung, nachdem die Mitarbeiter des Raw Dessau in die 212 001 neue Drehgestelle mit einer geänderten Getriebeübersetzung eingebaut hatten. Bei den Probefahrten überzeugte die nunmehrige 243 001 mit ihren Leistungen, sodass bereits 1984 die Serienlieferung begann. 243 002 wurde bereits am 25. Oktober 1984 im Bw Erfurt in Dienst gestellt. Auch Halle P, Dresden und Leipzig bekamen noch 1984 die ersten Maschinen.
Auf dem Dach sitzen zwei Einholmstromabnehmer – zum ersten Mal bei einer DR-Maschine. Hauptaugenmerk richtete der Hersteller auf eine möglichst ergonomische Gestaltung des Lokführerraums, auch eine Klimaanlage wurde vorgesehen.

Baureihe	143
Radsatzanordnung	Bo'Bo'
Stromsystem	15 kV/16,7 Hz ~
V_{max} (km/h)	120
Leistung (kW)	3.720
Dienstmasse (t)	82,0
Größte Radsatzfahrmasse (t)	20,0
Länge über Puffer (mm)	16.640
Treibraddurchmesser (mm)	1.250
Indienststellung	1984–1990

Für den Einsatz im schweren Güterzugdienst erhielten die 168 Loks der 5. Serie einer Vielfachsteuerung (Baureihe 243[8,9]). Die folgenden 109 Maschinen entsprachen wieder der alten Ausführung. Bis zum Dezember 1990 stellte die DR insgesamt 636 Exemplare der Baureihe 243 (ab 1992: Baureihe 143) in Dienst.
Trotz zahlreicher Ausmusterungen bilden die verkehrsroten Universal-Lokomotiven auch heute in vielen Regionen das Rückgrat der Zugförderung im Nah- und Regionalverkehr, meist vor Wendezügen mit Doppelstockwagen.

■22

Baureihe 145

Die Konstruktion der Baureihe 145 beruht auf den Erkenntnissen, die mit dem Erprobungsträger 12X gewonnen wurden. AEG Hennigsdorf hatte die als 128 001 bezeichnete Lok 1994 präsentiert und die DB AG hatte die Maschine ausgiebig getestet. Das erste Exemplar der neuen Baureihe, 145 001, wurde am 10. Juli 1997 vorgestellt. Die Bauartzulassung lag im Januar 1998 vor. Kurze Zeit später begann ADtranz (heute Bombardier) mit der Lieferung der weiteren, in den Werken Kassel und Hennigsdorf gefertigten 79 Exemplare der Baureihe. Die äußere Gestaltung mit der glattflächigen Außenhaut entspricht dem üblichen Design der DB AG-Neubauloks. Der Aufbau (Lokführerbereiche, Untergestell und Seitenwände) ist vollständig geschweißt. Die Führerhäuser sind druckdicht und bieten den Lokführern einen erhöhten Schutz.

Die Radsätze sind mit Scheibenbremsen ausgerüstet, aus Kostengründen besitzen die Loks einen klassischen Tatzlagerantrieb. Die elektrische Ausrüstung basiert auf der Baureihe 101, wurde jedoch an die geringere Leistung der 145

Baureihe	145
Radsatzanordnung	Bo'Bo'
Stromsystem	15 kV/16,7 Hz ~
V_{max} (km/h)	140
Leistung (kW)	4.200
Dienstmasse (t)	80,0
Radsatzfahrmasse (t)	20,0
Länge über Puffer (mm)	18.900
Raddurchmesser (mm)	1.250
Indienststellung	1997–2000

angepasst. Als besondere Ausstattung besitzt die 145 einen Energiezähler, der es ermöglicht, die bezogene bzw. beim Bremsen wieder eingespeiste Leistung mit dem Stromlieferanten zu verrechnen. Alle 80 bis zum Jahr 2000 an die DB AG gelieferten Exemplare der Baureihe 145 wurden in Verkehrsrot lackiert.

Die Maschinen sind alle im Betriebshof Seddin beheimatet und werden von dort aus deutschlandweit für DB Schenker Rail vor Güterzügen eingesetzt. Eine Weiterbeschaffung unterblieb zu Gunsten der Zweisystemvariante Baureihe 185.

Baureihe 146⁰, 146¹, 146², 146⁵

Ende der 1990er-Jahre benötigte die DB AG El-loks, die in der Lage waren, RE-Doppelstockzüge mit einer Geschwindigkeit von 160 km/h zu befördern. Die neue Type sollte auf Grundlage der Baureihe 145 entstehen. Deshalb erhielten 145 018 und 019 probeweise ein Nahverkehrspaket: Zugzielanzeige, Türsteuerungsfunktion, Fahrgastinfoanlagen, Fahrgastnotruf und zeitmultiplexe Wendezugsteuerung. Wegen der guten Erfahrungen orderte die DB AG zunächst 31 Exemplare der »Regio-Lok« 146⁰, die 2001 und 2002 ausgeliefert wurden.

Druckdichte, klimatisierte Führerstände sorgen für größtmöglichen Komfort. Im Unterschied zur 145 hat die 146 den von der 120 bekannten GEALIF-Hohlwellenantrieb. Er ist gefedert im Drehgestell aufgehängt. Der Asynchron-Drehstrommotor überträgt seine Kraft auf eine Hohlwelle, die über Kardangelenke mit dem Radsatz verbunden ist.

2003 bis 2005 erhielt die DB AG eine zweite Bauserie. Diese 32 Loks sind eng verwandt mit der Baureihe 185 und wurden als 146¹ bezeichnet. Gegenüber der 146⁰ haben sie eine von 4.200 kW auf 5.600 kW erhöhte Traktions-

Baureihe	146
Radsatzanordnung	Bo'Bo'
Stromsystem	15 kV/16,7 Hz ~
V_{max} (km/h)	160
Leistung (kW)	4.200*/5.600
Dienstmasse (t)	80,0*/84,0
Radsatzfahrmasse (t)	20,0*/21,0
Länge über Puffer (mm)	18.900
Raddurchmesser (mm):	1.250
Indienststellung:	2001–2006/2013**–
* Baureihe 146⁰	
** Baureihe 146⁵	

leistung. Beheimatet sind sie in Braunschweig, Freiburg und Frankfurt/Main. Die dritte Bauserie mit 47 Maschinen folgte von Juli 2005 bis März 2006. Weil diese Loks mit den Modifikationen der Baureihe 185² ausgerüstet wurden, reihte man sie als 146² ein. Sie sind in Stuttgart, Freiburg, Nürnberg und Ulm beheimatet. Für den Einsatz vor neuen Doppelstock-IC-Wagen erhält DB Fernverkehr seit 2013 Maschinen der Unterbauart 146⁵, die wie die Wagen weiß lackiert sind.

■24

Baureihe 150

Das Typenprogramm der Deutschen Bundesbahn aus dem Jahre 1954 enthielt eine sechsachsige Elektrolok, die in der Lage sein sollte,
schwere Güterzüge in der Ebene mit 100 km/h
zu befördern. Die als Baureihe E 50 bezeichnete
Type entwickelten die Firmen Krupp (mechanischer Teil) und die AEG (elektrischer Teil) zusammen mit dem BZA München. Anfang 1957
erhielt die DB die beiden Baumuster E 50 001
und 002. Bis 1973 stellte die DB insgesamt
194 Loks in Dienst.
Der besonders kräftig ausgeführte geschweißte
Brückenrahmen bildete mit dem in Stahlleichtbauweise hergestellten Aufbau eine selbsttragende Einheit. Unterschiede gab es beim Antrieb:
Während die Loks E 50 001-025 noch mit
Tatzlagerantrieben ausgerüstet wurden, erhielten
die Maschinen ab E 50 026 den damals noch
neuen Gummiringfederantrieb, der bereits in der
E 10 003 mit Erfolg getestet worden war. Klei-
nere Änderungen folgten: Ab E 50 042 besitzen
die Loks Doppelscheinwerfer und senkrechte
Lüfterschlitze, ab E 50 128 wurde auf die um-
laufende Regenrinne verzichtet, ab 150 156
wurden die Lüftergitter aufgesetzt.

Baureihe	150
Radsatzanordnung	Co'Co'
Stromsystem	15 kV/16,7 Hz ~
V_{max} (km/h)	100
Leistung (kW)	4.500
Dienstmasse (t)	126,0*/128,0
Radsatzfahrmasse (t)	21,0/21,4
Länge über Puffer (mm)	19.490
Raddurchmesser (mm)	1.250
Indienststellung	1957–1973
*bis 150 025	

Vor allem vor schweren Güterzügen im Mittel-
gebirge waren die Loks der Baureihe E 50 (ab
1968: Baureihe 150) in den nächsten Jahr-
zehnten unverzichtbar. Ihre Karriere endete erst
mit dem Start der Serienlieferung der neuen
Drehstromloks der Baureihe 152 im Jahr 1998.
Zuletzt waren die 150er in Kornwestheim stationiert, und kamen vor schweren Ölzügen und im
Schubdienst auf der Geislinger Steige zum Einsatz. Zum Jahresende 2003 wurden die letzten
Exemplare abgestellt. 150 091 und 186 sind
Museumsloks in Koblenz.

Baureihe 151

Steigende Anforderungen an die Leistungen im schweren und schnellen Güterverkehr bewogen die Deutsche Bundesbahn Anfang der 1970er-Jahre, eine sechsachsige Elektrolok für den schweren Güterzugdienst zu beschaffen. Grundlage der Konstruktion der neuen Baureihe 151 waren die Bestimmungen der neuen Eisenbahn-Bau- und Betriebsordnung (EBO) von 1967, die für den Güterverkehr Geschwindigkeiten bis 120 km/h und Zuglasten bis 2.000 Tonnen vorsahen. Diese Leistungen konnte eine Lok mit einer Leistung von mehr als 5.000 kW Leistung erreichen. Eine Überarbeitung der Baureihe 150 kam nicht in Frage, deshalb bauten die Firmen Krupp (mechanischer Teil) und AEG (elektrischer Teil) unter Verwendung modifizierter Fahrmotoren der Baureihen 110 und 140 eine Güterzuglok und übergaben das erste Exemplar 1972 an die DB. Bis 1978 lieferten Krupp, Henschel, Krauss-Maffei, AEG, Siemens und BBC 170 Maschinen. Die Baureihe 151 ist mit einem schwereren Trafo und einer stärkeren elektrischen Widerstandbremse ausgerüstet als die Einheitsloks. Die dreiachsigen Drehgestelle sind eine Neukonstruktion,

Baureihe	151
Radsatzanordnung	Co'Co'
Stromsystem	15 kV/16,7 Hz ~
V_{max} (km/h)	120
Leistung (kW)	6.300
Dienstmasse (t)	118,0
Radsatzfahrmasse (t)	20,0
Länge über Puffer (mm)	19.490
Raddurchmesser (mm)	1.250
Indienststellung	1972–1977

bei der bewährte Bauteile der Baureihe 103 verwendet wurden. Damit die Maschinen leicht zu warten sind, teilte man den Lokaufbau in drei abnehmbare Hauben. Nur die Führerstände sind fest eingebaut.

Bei der 151 kommt der bekannte SSW-Gummiringfederantrieb zum Einsatz, geregelt werden die sechs Fahrmotoren über ein 29-stufiges Hochspannungsschaltwerk, das neu entwickelte Thyristor-Schalter unterstützen.

Die in Nürnberg stationierten Maschinen sind heute deutschlandweit für DB Schenker Rail im Einsatz.

Baureihe 152

Anfang der 1990er-Jahre wurde deutlich, dass die elektrischen Güterzuglokomotiven aus dem Einheitslok-Programm – im Wesentlichen die Baureihen 150 und 140 – mittelfristig ersetzt werden mussten. Deshalb bestellte die DB AG 1995 zunächst 195 vierachsige Lokomotiven der neuen Baureihe 152. Ihre Konstruktion basiert auf der von Siemens (elektrischer Teil) und Krauss-Maffei (mechanischer Teil) entworfenen Euro-Sprinter-Linie. Bereits im Dezember 1996 bekam die DB mit 152 001 die erste Maschine. Die Serienlieferung begann im Februar 1998. Bis August 2001 waren 170 Exemplare der Baureihe 152 ausgeliefert. Aufgrund der verweigerten Zulassung für die 152 in Österreich wurden die letzten 25 bestellten Loks in einen Auftrag für die neue Baureihe 182 umgewandelt. Die 152 weist in der äußeren Gestaltung die typischen Merkmale der meisten Neubauloks der DB AG auf: Ein glattflächiger, geschweißter Lokkasten, der aus Untergestell, Seitenwänden, Dach und Führerhäusern besteht. Dieser Aufbau lagert auf zweiachsigen Drehgestellen mit massiven Mittelträgern und Monoblocrädern. Die in der elektrischen Nutzbremse und der mecha-

Baureihe	152
Radsatzanordnung	Bo'Bo'
Stromsystem	15 kV/16,7 Hz ~
V_{max} (km/h)	140
Leistung (kW)	6.400
Dienstmasse (t)	87,0
Radsatzfahrmasse	21,0
Länge über Puffer (mm)	19.580
Raddurchmesser (mm)	1.250
Indienststellung	1996–2001

nischen Bremse erzeugte Kraft wirkt über zwei Radbremsscheiben je Rad. Bewegt wird die 152 von Drehstrom-Asynchronmotoren mit Tatzlagerantrieb. Zwei zentrale Steuergeräte SIBAS 32 überwachen die Regelung. Sie steuern Fahr- und Bremsweg, erfassen die Geschwindigkeit und rufen die zentrale Fehlerdiagnose ab. Die 152 besitzt neben LZB eine Indusi-Einrichtung und Zugbahnfunk.
Die Loks sind dem Geschäftsbereich DB Schenker Rail zugeteilt, in Nürnberg Rbf beheimatet und werden bundesweit im Güterzugdienst eingesetzt.

Baureihe 155

Ende der 1960er-Jahre dachte die Deutsche Reichsbahn der DDR über den Bau einer Elektrolok für schwere Güterzüge nach. Die sechsachsige Maschine sollte in der Lage sein, einen 3.000 t schweren Zug in der Ebene mit 95 km/h zu befördern. Weil die Loks auch Schnellzüge im sächsischen und thüringischen Hügelland bespannen sollten, sah die DR eine Höchstgeschwindigkeit von 120 km/h vor. Der LEW Hennigsdorf entwickelte die neue Baureihe 250 und lieferte 1974 die drei Prototypen an die DR. Die wesentliche Neuerung an der neuen Loktype war der Gummikegelringfederantrieb. Die Prototypen beeindruckten bei den Probefahrten mit großer Leistung und hoher Zugkraft, sodass für die Serienlieferung nur geringfügige Änderungen notwendig waren. So unterschieden sich die ab 1977 hergestellten Serienmaschinen von den Baumustern u. a. durch eine geänderte Frontpartie. Wegen der Sonneneinstrahlung fielen die Stirnfenster kleiner aus und das A-Spitzenlicht hatte jetzt unter den Fenstern seinen Platz. Die ersten Serienloko-

Baureihe ab 1992	155
Baureihe bis 1992	250
Radsatzanordnung	Co'Co'
Stromsystem	15 kV/16,7 Hz ~
V_{max} (km/h)	125
Leistung (kW)	5.400
Dienstmasse (t)	123,0
Radsatzfahrmasse (t)	20,5
Länge über Puffer (mm)	19.600
Raddurchmesser (mm)	1.250
Indienststellung	1974–1984

motiven nahm die DR im Januar 1977 ab. Bis zum Herbst 1984 erhielt die DR insgesamt 270 Maschinen. Schnell spielte der »Container«, wie die Baureihe 250 wegen ihrer kantigen Form genannt wird, eine wichtige Rolle im schweren Güterzugdienst der DR. Noch immer kann die DB Schenker Rail nicht auf die leistungsstarken und robusten Sechsachser verzichten und setzt seine verkehrsroten Maschinen von Seddin aus deutschlandweit im Güterzugdienst ein.

■28

Baureihe 156

Nachdem sich die Lokomotiven der Baureihe 155 (bis 1992: Baureihe 250) im harten Betriebsalltag bewährten, wollte die Deutsche Reichsbahn der DDR Ende der 1980er-Jahre eine weitere sechsachsige Elektrolokomotive beschaffen. Allerdings sollten die geplanten 350 Exemplare die neue Baureihe 252 (ab 1992: Baureihe 156) in drei verschiedenen Versionen mit den Höchstgeschwindigkeiten von 80, 125 und 160 km/h geliefert werden. Der LEW Hennigsdorf konstruierte die neue Loktype auf der Grundlage der Baureihen 212/243 (elektrischer Teil) und 250 (mechanischer Teil). Die veränderten politischen und wirtschaftlichen Rahmenbedingungen nach der Wende 1989 sorgten dafür, dass den Ingenieuren des LEW völlig neue technische Möglichkeiten zur Verfügung standen. Schließlich konnten 1991 vier Prototypen in Dienst gestellt werden. Doch wegen des starken Rückgangs im Güterverkehr bestand zu diesem Zeitpunkt eigentlich kein Bedarf mehr für die Baureihe 252. Die DR hatte bereits die erste Serie storniert. Somit blieben die vier Baumuster Einzelstücke, die von Dresden aus eingesetzt wurden.

Baureihe ab 1992	156
Baureihe bis 1992	252
Radsatzanordnung	Co'Co'
Stromsystem	15 kV/16,7 Hz ~
V_{max} (km/h)	120
Leistung (kW)	5.880
Dienstmasse (t)	120,0
Radsatzfahrmasse (t)	20,0
Länge über Puffer (mm)	19.500
Raddurchmesser (mm)	1.250
Indienststellung	1991

Der Aufbau stützt sich über Flexicoil-Federn auf die dreiachsigen Drehgestelle ab. Die Fahrmotoren entsprechen denen der Baureihe 112 und haben Kegelringfederantriebe. Bei der elektrischen Ausrüstung unterscheiden sich die vier Lok voneinander.
2002 stellte die DB AG die vier, erst elf Jahre alten Loks ab. Sie sind jedoch weiterhin im Einsatz, die Mitteldeutsche Eisenbahn-Gesellschaft (MEG), ein Tochterunternehmen der DB AG, bespannt mit den weiterhin verkehrsroten Prototypen einige ihrer Güterzüge.

Baureihe 171

Bei Deutschen Reichsbahn der DDR spielte der Betrieb der 23,2 km langen Rübelandbahn von Blankenburg (Harz) nach Königshütte eine besondere Rolle. Mit Steigungen von bis zu 61 Promille gehört die Gebirgsbahn zu den steilsten Bahnlinien Deutschlands. Wegen des hohen Transportaufkommens der Kalkwerke in Rübeland und Elbingerode sah sich die DR gezwungen, die Bahnlinie Anfang der 1960er-Jahre zu elektrifizieren. Weil absehbar war, dass sie Inselbetrieb bleiben würde, fiel 1960 die Entscheidung für eine Elektrifizierung mit Ein-phasen-Wechselstrom mit 25 kV und 50 Hz. Der LEW Hennigsdorf entwickelte die passen-den Elektrolokomotiven. Die E 251 ist eine Schweißkonstruktion in selbsttragender Bau-weise, drei abnehmbare Dachteile erleichtern die Wartung. Angetrieben werden die Maschi-nen über einen beidseitig wirkenden, schräg verzahnten Tatzlagerantrieb an allen sechs Radsätzen. Neben einer Druckluftbremse sorgt eine elektrische Widerstandsbremse für die Ver-zögerung. Gesteuert werden die E 251 durch ein Hochspannungsschaltwerk mit 34 Stufen-wählern und drei Lastschaltern.

Baureihe ab 1992	171
Baureihe bis 1992	251
Radsatzanordnung:	Co'Co'
Stromsystem	25 kV/50 Hz ~
V_{max} (km/h)	80
Leistung (kW)	3.660
Dienstmasse (t)	126,0
Radsatzfahrmasse (t)	21,0
Länge über Puffer (mm)	18.640
Raddurchmesser (mm)	1.250
Indienststellung	1965

Die DR orderte 15 Exemplare, die aber wegen fehlender Baugruppen erst 1965 geliefert wer-den konnten. Im Dezember 1965 übernahmen die Loks den Güter- und im August 1966 auch den Reisezugverkehr. Bis Ende 2004 bildeten sie das Rückgrat der Zugförderung zwischen Blankenburg und Königshütte, dann musterte man die Maschinen aus.
251 001 und 251 002 bleiben in Blankenburg als technische Denkmale erhalten. Die rote 251 012 steht bei den Thüringer Eisenbahn-freunden in Weimar.

■30

Baureihe 180

Mitte der 1970er-Jahre elektrifizierte die
Deutsche Reichsbahn der DDR die Bahnlinie
Dresden–Bad Schandau–Schöna. Doch sollte
es noch zehn Jahre dauern, bis über dem
Streckenabschnitt von Schöna bis zur deutsch-
tschechischen Staatsgrenze ebenfalls ein
Fahrdraht gespannt wurde. Allerdings hatten
sich die DR und die ČSD darauf geeinigt, die
in der ČSSR übliche Gleichspannung von 3 kV
zu verwenden. Weil beide Bahnverwaltungen
auf das zeitaufwendige Umspannen im Grenz-
bahnhof verzichten wollten, beschafften sie
gemeinsam eine Zweisystemlokomotive, die
die Škoda-Werke in Pilsen entwickelten. Rein
äußerlich entsprechen die als 230 eingereihten
Maschinen mit ihrem kantigen Aufbau und gesickten Seitenflächen den von Škoda gebauten
Einheitstypen 69 E, 70 E und 71 E.
Das Baumuster 230 001 konnte die DR Ende
Februar 1988 in Dresden in Dienst stellen.
Nach der Erprobung und kleineren Modifikationen begann Ende 1990 die Serienfertigung. Bis
April 1991 liefert Škoda weitere 19 Maschinen
der Baureihe 230 (ab 1992: Baureihe 180),

Baureihe ab 1992	180
Baureihe bis 1992	230
Radsatzanordnung	Bo'Bo'
Stromsystem	15 kV/16,7 Hz ~, 3 kV =
V_{max} (km/h)	120
Leistung (kW)	3.260
Dienstmasse (t)	84,0
Radsatzfahrmasse (t)	21,0
Länge über Puffer (mm)	16.800
Raddurchmesser (mm)	1.250
Indienststellung	1988–1991

die ebenfalls in Dresden beheimatet wurden
und von den Personalen den Spitznamen
»Knödelpresse« erhielten. Die Loks übernahmen einen großen Teil der Zugförderung auf
der Relation Berlin/Leipzig–Dresden–Prag.
Inzwischen schieden alle Maschinen der Baureihe 180 aus dem Bestand der DB aus. Ein
Teil von ihnen wurde nach Tschechien verkauft.
180 014 gehört zwar noch der DB, steht aber
als Museumslok beim Thüringer Eisenbahnver-
ein e.V. (TEV) in Weimar.

Baureihe 181⁰, 181¹, 181²

Neben den Vierfrequenz-Elektrolokomotiven
der Baureihe E 410 (ab 1968: Baureihe 184)
beschaffte die Deutsche Bundesbahn Ende der
1960er-Jahre vier Zweifrequenz-Elektroloks, die
im Grenzgebiet Saarland/Frankreich eingesetzt
werden sollten.
Nach den Erfahrungen mit den E 310 001–004
(ab 1968: Baureihe 181⁰,¹) und den E 410
bestellte die DB 1972 bei Krupp (mechanischer
Teil) und der AEG (elektrischer Teil) ein Baulos
von 25 Exemplaren. Die Hersteller lieferten die
als Baureihe 181² bezeichneten Maschinen
1974 und 1975 ab.
Der Aufbau war ebenfalls fünfteilig ausgeführt
worden, die charakteristischen beiden Längs-
sicken gaben den Loks der Baureihe 181² ein
elegantes Aussehen. Hauptunterscheidungs-
merkmale gegenüber den 181⁰,¹ sind die drei
in die Dachpartie hineinreichenden Maschinen-
raumfenster und Lüftungsgitter. Bei den in Dienst
gestellten Maschinen handelte es sich jedoch
um in vielen Teilen neu konstruierte Fahrzeuge.
Die Drehgestelle besaßen einen kürzeren Radab-
stand und anders gelagerte Radsätze. Deshalb
konnte Höchstgeschwindigkeit auf 160 km/h
heraufgesetzt werden. Allerdings arbeiteten auch

Baureihe	181⁰,¹,²
Radsatzanordnung	Bo'Bo'
Stromsystem	15 kV/16,7 Hz ~, 25 kV/50 Hz ~
V_{max} (km/h)	150
Leistung (kW)	3.300
Dienstmasse (t)	82,5
Radsatzfahrmasse (t)	21,0
Länge über Puffer (mm)	17.940
Raddurchmesser (mm)	1.250
Indienststellung	1967*, 1974–1975
* 181⁰,¹	

in den 181² die aus den 181⁰,¹ bekannten
Mischstrommotoren mit dem SSW-Gummiring-
Kardanantrieb. Von der Baureihe 111 stammten
die Lokführertische für die neu gestalteten Führerstände.
Alle 25 Loks gelangten in den Bestand der DB
AG, doch verlor die Baureihe 181² in den vergangenen Jahren zunehmend Leistungen, sodass immer mehr Maschinen abgestellt werden
und teilweise auch schon ausgemustert und
zerlegt wurden. 181 201 zeigt sich wieder im
alten blauen DB-Anstrich.

■32

Baureihe 182

Im Jahr 2001 verweigerten die österreichischen Behörden den Loks der Baureihe 152 die Zulassung für das Schienennetz der Alpenrepublik. Daraufhin wandelte die DB AG die Bestellung der letzten 25 Lokomotiven der Baureihe 152 in 25 Maschinen der ÖBB-Baureihe 1116 um und reihte sie als Baureihe 182 ein. Die elektrischen Hauptbauteile der Baureihe 182 – die Einzelradsatzregelung mit vier Pulswechselrichtern, die drei parallel geschalteten Vierquadrantensteller für die beiden Gleichstromzwischenkreise sowie Steuerung und Bedienung – ähneln stark der Baureihe 152. Dagegen weicht die äußere Gestaltung stark vom DB-Design ab.

Der Lokaufbau wurde in Leichtbauweise erstellt, zahlreiche Bauteile bestehen aus Gründen weiterer Gewichtsersparnis aus Aluminium (Türen, Schneeräumer). Die den Maschinen ihr charakteristisches Aussehen verleihenden Führerstände sind eigenständige Bausegmente und werden auf das Fahrgestell separat aufgesetzt. Dem Vortrieb dient der HAB-Antrieb – »Hochleistungsantrieb mit getrennter

Baureihe	182
Radsatzanordnung	Bo'Bo'
Stromsystem	15 kV/16,7 Hz ~, 25kV/50 Hz ~
V_{max} (km/h)	230
Leistung (kW)	6.400
Dienstmasse (t)	85,0
Radsatzfahrmasse (t)	21,0
Länge über Puffer (mm)	19.280
Raddurchmesser (mm)	1.150
Indienststellung	2001–2002

Bremswelle«. Bei dieser Konstruktion sitzen die Bremsscheiben auf von den Radsätzen getrennten Bremswellen. Alle Maschinen haben eine Wendezugsteuerung und werden von dem Computersystem SIBAS 32r kontrolliert und geregelt.

Ursprünglich setzte DB Railion die Loks der Baureihe 182 vor seinen Güterzügen ein, doch der Rückgang des Güterverkehrs bescherte den formschönen Loks ein neues Einsatzfeld vor RE-Zügen von DB Regio. Derzeit sind sie in Cottbus, Dresden und Erfurt beheimatet.

Baureihe 184⁰, 184¹

Mitte der 1960er-Jahre beschloss die DB, fünf Viersystem-Maschinen für den Verkehr in die Benelux-Länder und nach Frankreich zu beschaffen. Bis 1967 lieferten Krupp (mechanischer Teil) und die AEG (elektrischer Teil) die als E 410 001 bis 003 eingereihten Loks, während für die beiden als E 410 011 und 012 bezeichneten, ebenfalls bei Krupp gefertigten Maschinen BBC den elektrischen Teil produzierte. Die E 410 sind unter dem in Deutschland angewendeten Wechselstromsystem genauso zu betreiben wie unter den mit 1,5 kV bzw. 3 kV Gleichstrom versehenen Netzen Frankreichs bzw. Belgiens. Erstmals kam serienmäßig eine Thyristorsteuerung zur Anwendung. Bei Betrieb unter Gleichstrom wurden die E 410 001–003 über Wechselrichter, die BBC-Maschinen E 410 011, 012 hingegen direkt gespeist. 1968 wurden die Loks in Baureihe 184 umgezeichnet, wobei die AEG-Maschinen als 184 001–003 eingereiht wurden und die BBC-Loks als 184 111, 112. Weil es beim Betrieb mit Gleichstrom immer wieder Probleme gab, wurden 1973 alle Maschinen nach Saarbrücken abgegeben, wo seit 1967 die E 310 (ab 1968: 181) weitgehend

Baureihe	184
Radsatzanordnung	Bo'Bo'
Stromsystem	15 kV/16,7 Hz ~, 25 kV/50 Hz ~, 1,5 kV =, 3 kV =
V_{max} (km/h)	150
Leistung (kW)	3.240
Dienstmasse (t)	84,0
Radsatzfahrmasse (t)	21,0
Länge über Puffer (mm)	16.950
Raddurchmesser (mm)	1.250
Indienststellung	1966–1967

problemlos liefen. Dort wurde der Gleichstromteil stillgelegt und die 184 als Zweisystemloks verwendet.
1981 musterte die DB 184 111 aus, drei Jahre später 184 112. Letztere gehört seit 1987 dem Museum für Verkehr und Technik in Berlin. 184 001 strich sie 1993 aus ihren Listen, sodass nur noch 184 002 und 003 in den Bestand der DB AG gelangten. Allerdings musterte man 184 002 bereits 1994 aus, während 184 003 noch bis 2002 ihren Dienst verrichtete. Sie kann heute im DB Museum Koblenz besichtigt werden.

■34

Baureihe 185, 186

Anfang 2000 präsentierte die Firma Bombardier mit 185 001 das erste Exemplar einer Mehrsystemvariante der Baureihe 145. In die Entwicklung der Baureihe 185 flossen außerdem Erfahrungen aus Bau und Betrieb der Baureihe 146 ein, gehören doch alle Typen zur erfolgreichen TRAXX-Lokomotivfamilie des Herstellers. Auch die Baureihe 185 soll ältere Einheitselektroloks bei der DB AG ersetzen, namentlich die Baureihe 140.

Wie bei der Baureihe 145 bilden bei der 185 Untergestell, Seitenwände, Führerstände und Dach nach dem Bau dank der Schweißtechnik eine Einheit.

Die Maschinen der Baureihe 185 unterscheiden sich von den 145 durch ihre technische Ausrüstung: Sie besitzt zusätzliche Einrichtungen, die den Betrieb unter den verschiedenen Wechselstromsystemen in Europa erlauben. Beim Antrieb handelt es sich um die vier GEALIF-Drehstrom-Asynchronmotor, die aus der 145 bekannt ist. Zu den leicht austauschbaren Bauteilen zählen die Drehgestelle. Die Serienloks besitzen zwei Stromabnehmer mit unterschiedlich breiten Schleifstücken. Spezielle zusätz-

Baureihe	185, 186
Radsatzanordnung	Bo'Bo'
Stromsystem	15 kV/16,7 Hz ~, 25 kV/50 Hz ~, 3 kV =*, 1,5 kV =*
V_{max} (km/h)	140
Leistung (kW)	4.200
Dienstmasse (t)	84,0
Radsatzfahrmasse (t)	21,0
Länge über Puffer (mm)	18.900
Raddurchmesser (mm)	1.250
Indienststellung	2000–2011
* Baureihe 186	

liche Zugsicherungseinrichtungen und Bremsanlagen stellen den Einsatz im Ausland sicher. So gibt es für die Baureihe 185 beispielsweise passend zum Einsatzgebiet ein »Schweiz-Paket« oder ein »Skandinavien-Paket«. Mit knapp 400 Maschinen ist die Baureihe 185 die zahlenmäßig stärkste der DB AG.

Neben den Loks der Reihe 185 hat DB Schenker Rail auch wenige Viersystem-Maschinen der Reihe 186 im Bestand, die zusätzlich in Gleichstromnetzen genutzt werden können.

Baureihe 187, 147

Auf der Messe Transport und Logistik in München stellte Bombardier im Mai 2011 mit der 187 001 die erste Maschine ihrer neuen TRAXX-3-Generation dem Publikum von. Die Maschinen unterschieden sich äußerlich deutlich von den bisherigen TRAXX-Maschinen. Sie können als Besonderheit zusätzlich mit einem »LastMile«-Dieselmotor ausgestattet werden, mit dem die Loks auf nicht elektrifizierten Strecken selbständig fahren können. Dabei wird eine Höchstgeschwindigkeit von 60 km/h erreicht, mit 2.000 t Anhängelast immerhin noch 40 km/h. Der Tankinhalt von 400 Litern reicht für einen Betrieb von bis zu acht Stunden. Der Wechsel vom elektrischen auf den Dieselantrieb kann auch während der Fahrt erfolgen. Kurze Strecken wie Werksanschlüsse können auch nur mit der eingebauten Batterie zurückgelegt werden.

Die elektrische Ausrüstung ermöglicht den Einsatz unter unterschiedlichen Wechselspannungen. Der Einbau einer Funkfernsteuerung ist möglich.

Neu ist auch die Ausführung der Seitenwände. Sie haben Spannvorrichtungen, an denen Pla-

Baureihe	187, 147
Radsatzanordnung	Bo'Bo'
Stromsystem	15 kV/16,7 Hz ~, 25 kV/50 Hz ~
V_{max} (km/h)	140/60*
Leistung (kW)	5.600/180*
Dienstmasse (t)	87
Radsatzfahrmasse (t)	
Länge über Puffer (mm)	18.900
Raddurchmesser (mm)	1.250
Indienststellung	2015–
* mit »LastMile«-Antrieb	

nen befestigt werden können. So können die Loks beim Einsatz für Privatbahnen schnell umbeschriftet bzw. umgestaltet werden.

DB Schenker Rail hat Loks vom Typ TRAXX 3 – allerdings ohne »LastMile« – bestellt und wird sie als Baureihe 187 nutzen. DB Regio hat eine Reisezugversion gekauft und bezeichnet sie als Baureihe 147. Von beiden Baureihen waren Anfang 2015 nur Probemaschinen vorhanden, die noch keine Zulassung für öffentliche Fahrten hatten und ausgiebig untersucht wurden. Im Sommer 2015 soll der Betrieb bei der DB beginnen.

Baureihe 189

Die elektrische Viersystem-Lokomotive der Baureihe 189 aus dem Hause Siemens entstand auf Basis des »EuroSprinters« 127 001. Der Hersteller konzipierte die intern ES 64 F4 genannte Type für den Einsatz in 15 europäischen Ländern. 2002 bestellte die DB AG 100 Lokomotiven, deren erstes Exemplar im Juli 2003 an DB Cargo übergeben wurde. Die Maschine für den schweren Güterverkehr verkehrt sowohl unter Wechsel- als auch Gleichspannung. Damit lässt sie sich auch in Ländern einsetzen, die Gleich- und Wechselstromnetze betreiben, wie z.B. in der Slowakei und der Tschechischen Republik. Wie die anderen Fahrzeuge der EuroSprinter-Familie (Baureihen 152 u. 182) lässt sich das modular aufgebaute Fahrzeug entsprechend der Wünsche des Kunden ausrüsten. Vorgefertigte Baugruppen machen dies möglich. Im Maschinenraum haben zusätzliche Gleichstromkomponenten und Zugsicherungssysteme Platz gefunden, weil der Wechselstrom-Hauptschalter, der System-Wahlschalter und der Überspannungsableiter auf dem Dach sitzen. Um weiteren Platz einzusparen, wählte

Baureihe	189
Radsatzanordnung	Bo'Bo'
Stromsysteme	15 kV/16,7 Hz ~, 25 kV/Hz ~, 3 kV =, 1,5 kV =
V_{max} (km/h)	140
Leistung (kW)	6.400*
Dienstmasse (t)	86,0
Radsatzfahrmasse (t)	21,5
Länge über Puffer (mm)	19.400
Raddurchmesser (mm)	1.250
Indienststellung	2003–2005
* bei Betrieb unter Wechselspannung	

man kompakte IGBT-Stromrichter. Die gesamte elektrotechnische Ausstattung der Maschine wurde zudem Gewicht sparend untergebracht, so dass Reserveplätze für je nach Einsatzbereich notwendige Zugsicherungssysteme frei sind. Die Serienlieferung endete im Jahr 2005. Zwei später Jahre verkaufte die DB AG zehn Loks (189 090 bis 099) an Mitsui Rail Capital Europ Dispolok GmbH und mietete die Maschinen zeitweilig zurück. Mittlerweile sind diese Fahrzeuge schwarz lackiert und bereits auch an andere Bahngesellschaften vermietet worden.

Baureihe 201, 202, 203, 204

Anfang 1963 entwickelte die DR der DDR eine vierachsige Diesellok mit hydraulischer Kraftübertragung, die im Rangierdienst sowie im leichten bis mittlerschweren Streckendienst eingesetzt werden sollte. Der LKM Babelsberg präsentierte den ersten Prototypen V 100 001 auf der Leipziger Frühjahrsmesse 1964. Es folgten noch zwei weitere Baumuster. Die Serienfertigung, die der LEW Hennigsdorf übernahm, begann im Herbst 1967. Bis Ende 1971 lieferte der LEW 171 Maschinen an die DR. In Zusammenarbeit mit dem LEW überarbeitete die DR die Konstruktion im Lauf der Jahre. Bei der Baureihe 110 verzichtete man auf das Stufengetriebe. Die so modifizierte V 100.2 wurde ab 1969 beschafft. Erst am 16. März 1978 stellte die DR mit der 110 896 das letzte Exemplar dieser Baureihe in Dienst.

Bereits 1972 gab es erste Überlegungen, die Einsatzmöglichkeiten der Maschinen durch einen stärkeren Motor zu vergrößern. Als Erprobungsmuster diente 110 457, die am 26. Oktober 1972 mit einem auf 900 kW (rund 1.200 PS) eingestellten Motor des Typs 12 KVD AL-3 und

einem neuen Strömungsgetriebe ausgerüstet wurde. 110 511 und 110 512 erhielten ebenfalls 900 kW-Motoren und wurden vom Bw Rostock aus im S-Bahn-Betrieb auf der Strecke Rostock–Warnemünde erprobt. Basierend auf diesen Versuchen entwickelte die DR in Zusammenarbeit mit dem VEB Motorenwerk Johannisthal den neuen 900 kW starken 12 KVD AL-4. Dabei wurden u.a. die Abgasanlage, die Kraftstoffanlage, der Kühlkreislauf, das Kurbelgehäuse, der Schmierölkreislauf und der Zylinderkopf geändert. Als erste Maschine erhielt 110 137 im Jahr 1977 den modifizierten Dieselmotor. Dieser hatte nicht nur eine höhere Leistung, sondern auch einen besseren Wirkungsgrad. 1979 verfügte die DR den Einbau des 12 KVD AL-4 in die Baureihe 110. Zur besseren Unterscheidung von den Loks mit einem 736 kW-Motor wurden die Loks ab 1. Januar 1981 als Baureihe 112 bezeichnet. Das Raw Stendal baute bis 1990 insgesamt 492 Loks um.

Damit war das Leistungsvermögen der Baureihe 110 und des Motors 12 KVD noch lange nicht erschöpft. Im Rahmen einer sogenann-

ten »Extremerprobung« wurde ein 12 KVD AL-4 auf eine Nennleistung von 1.050 kW eingestellt und ab 1978 in der Lok 110 203 getestet. Im Jahr 1981 erhielt die Lok einen 1.100 kW starken Motor, auf dessen Grundlage der 12 KVD AL-5 entstand. Das Raw Stendal rüstete von 1983 bis 1990 insgesamt 60 Maschinen mit einem 1.100 kW-Motor (davon 16 mit 12 KVD AL- 5) und neuen Strömungs-getrieben aus, die zunächst als Bau-reihe 115 und ab 1984 als Baureihe 114 bezeichnet wurden.

Die großen Rückgänge im Güter- und Personen-verkehr verringerten auch die Aufgabenfelder Baureihen 201, 202 und 204 immer weiter, sodass mehr und mehr Maschinen abgestellt wurden. Die letzten Exemplare der Baureihe 202 musterte DB AG bereits im Jahr 2000 aus. Nur das Tochterunternehmen Erzgebirgsbahn setzt noch die 202 646 vor Sonderzügen, Arbeitszü-gen und bei der Schneeberäumung ein.

Von der Baureihe 204 quittierte 2009 das letzte Exemplar den Dienst bei der DB AG.

Baureihe ab 1992	201	202, 203	204
Baureihe bis 1992	110	112	114
Radsatzanordnung	B'B'	B'B'	B'B'
V_{max} (km/h)	100	100	100
Leistung (kW)	736	900 – 1.380	1.100
Kraftübertragung	hydraulisch	hydraulisch	hydraulisch
Dienstmasse (t)	63–66	64,8	64,8
Radsatzfahrmasse (t)	16,0	15,8	15,8
Länge über Puffer (mm)	13.940	14.240	14.240
Raddurchmesser (mm)	1.000	1.000	1.000
Indienststellung	1964–1978	1981–1990	1983–1990

Ende der 1990er-Jahre bestand vor allem bei Privatbahnen ein Bedarf an vergleichsweise kos-tengünstigen Dieselloks. Die Firma Alstom mo-dernisierte deshalb in ihrem Werk Stendal ehe-malige Loks der Baureihe 202 u. a. durch den Einbau von Caterpillar- und MTU-Motoren. Inter-essanterweise übernahm auch die DB AG diese als Baureihe 203 bezeichneten Loks: Neben DB Netz setzte auch die DB Regio an den Stand-orten Nürnberg, Regensburg und Würzburg diese Maschinen als Rangierloks ein. Bei der S-Bahn München dient die 203 002 als Schlepplok.

Baureihe 211, 212, 213, 714

Das erste Diesellok-Typenprogramm der Deutschen Bundesbahn forderte eine Type für den gemischten Dienst auf Nebenbahnen. Zusammen mit dem Bundesbahn-Zentralamt in München entwickelte MaK (Kiel) die neue Baureihe V 100. Ende 1958 lieferte MaK sechs Baumuster: V 100 001–005 (später V 100 1001–1005) mit 1.100-PS-Motoren und die V 100 006 (später V 100 2001) mit einem 1.350-PS-Motor. Ein hydraulisches Voith-Getriebe mit Strecken- und Rangiergang sorgt für die Leistungsübertragung. Nachdem man die Baumuster ausgiebig getestet hatte, orderte die DB Ende 1959 eine erste Vorausserie von 36 Maschinen (V 100 1008–1043) mit einem 1.100-PS-Motor. Als diese Loks geliefert wurden, bestellte die DB 322 Serienmaschinen der V 100[10] (ab 1968: Baureihe 211) und 20 Vorausloks der 1.350-PS-Variante, der neuen Baureihe V 100[20] (ab 1968: Baureihe 212). Von 1963

bis 1965 erhielt die DB in zwei Bauserien 360 Loks der Baureihe V 100[20]. Zehn Maschinen der zweiten Serie wurden 1965 modifiziert: Für den Steilstreckeneinsatz erhielten V 100 2332 bis 2341 (ab 1968: Baureihe 213) eine hydrodynamische Bremse. Ein neues Einsatzfeld bot sich mit Eröffnung der neuen DB-Schnellfahrstrecken, die zahlreiche lange Tunnel aufwiesen. Deshalb wurden im Jahr 1988 sogenannte »Tunnelhilfszüge« in Betrieb genommen, die man mit entsprechend umgerüsteten Loks der Baureihe 212 bespannte. Die zunächst als Baureihe 214 bezeichneten Maschinen reihte man 1994 als BR 714 ein. Die 15 umgebauten Maschinen sind auch heute noch vor ihren Rettungszügen zu finden. Der Fahrzeugbau besteht aus den beiden schmalen Vorbauten und einem mittig angeordneten Führerhaus, die auf einem stabilen Rahmen sitzen. Wartungsklappen und Türen ermöglichen den Zugang.

Der Aufbau liegt über Schraubenfedern auf den beiden zweiachsigen Drehgestellen auf und ist über Rohrstutzen mit diesen verbunden. Gelenkwellenantriebe ermöglichen einen kurzen Radsatzstand. Zwischen den Drehgestellen hängt der Kraftstoffbehälter unter dem Führerhaus Der 16-Zylinder-Motor überträgt seine Leistung über eine elastische Kupplung, das hydraulische Stufengetriebe und Gelenkwellen auf die Radsätze. Eine Dampfheizung erwärmt das Kühlwasser und angehängte Reisezugwagen. Ein Hilfsdiesel versorgt über einen Generator die elektrischen Verbraucher.

Baureihe	211	212, 213,714
Radsatzanordnung	B'B'	B'B'
V_{max} (km/h)	100	100
Leistung (kW)	809	993
Kraftübertragung	hydraulisch	hydraulisch
Dienstmasse (t)	62,0	63,0
Radsatzfahrmasse (t)	16,0	16,0
Länge über Puffer (mm)	12.100	12.100*/12.300
Raddurchmesser (mm)	950	950
Indienststellung	1958–1963	1959–1966
* bis 212 021		

Der Einsatz der Baureihe 211 bei der DB AG endete im August 2001. Rund drei Jahre länger standen noch Loks der BR 212 in DB-Diensten, das letzte Exemplar wurde im Dezember 2004 abgestellt. Als letzte ehemalige V 100 schied im November 2006 die 213 333 bei der DB-Tochter SüdostBayernBahn aus. Inzwischen werden wieder 14 Exemplare der Baureihe 212 von DB Fahrwegdienste vor Bauzügen in ganz Deutschland eingesetzt. Während alle anderen Loks rot sind, trägt 212 329 den beige/ozeanblauen Anstrich der ehemaligen DB. DB Gleisbau hat ebenfalls Lok der

Baureihe 212 im Bestand. Außerdem sich hier noch drei Maschinen der Steilstreckenversion zu finden. Die Gleisbau-Loks sind gelb lackiert. Obwohl der planmäßige Einsatz bei der DB AG beendet ist, werden noch immer einige Exemplare dieser bewährten Loktype in zahlreichen Farbvarianten von verschiedenen Privatbahnen eingesetzt.

Baureihe 214

2007 modernisierte die Alstom Lokomotiven Service GmbH Lokomotiven der Baureihe V 100 der DB und der DR. Während die DR-Maschinen nur neue Motoren und Einrichtungen bekamen, wurden die DB-Maschinen komplett neu aufgebaut. Dabei blieben nur Rahmen und Laufwerke der Spenderlokomotiven erhalten. Maschinenanlagen und Aufbauten entstanden vollkommen neu.

Die Gmeinder Lokomotivenfabrik GmbH (GLG) in Mosbach agierte als Zulieferer und steuerte die Fahrerkabine, die Steuerung, die Kühler und weitere Aggregate bei.

Es entstand ein Aufbau mit Mittelführerstand und zwei unterschiedlich langen Aufbauten. Getriebe und Kraftstoffbehälter blieben wie bei den Spendern unter dem Führerhaus.

Das Führerhaus wurde nach ergonomischen Gesichtspunkten eingerichtet und bietet einen hohen Lärm- und Brandschutz.

Die Loks bekamen Caterpillar-Motoren vom Typ 3508 BSC mit Partikelfilter-Anlage und einer Leistung von 970 kW, die ihr Drehmoment über das Hauptgetriebe und die Achsgetriebe an die vier Radsätze weiterleiten.

Baureihe	214
Radsatzanordnung	B'B'
V_{max} (km/h)	100
Leistung (kW)	970
Kraftübertragung	hydraulisch
Dienstmasse (t)	61
Radsatzfahrmasse (t)	
Länge über Puffer (mm)	12.300
Raddurchmesser (mm)	950
Indienststellung	2006

In Juni 2007 wurde die 214 001 als erste Lok dieser Baureihe auf der Transport & Logistik in München vorgestellt. Weitere 24 Exemplare gingen an zahlreiche Privatbahnen in Deutschland, Frankreich und Norwegen. 214 014 bis 018 wurden von DB Regio Mittelfranken angemietet und probeweise als Rangierloks in Nürnberg Hbf getestet. Sie waren auch Anfang 2015 noch im Einsatz und lösten dort Loks der Baureihe V 60 ab. Obwohl sich die Loks bewährten, konnte sich die DB bis heute nicht zu einer Beschaffung eigener Loks durchringen.

Baureihe 215, 225

Wegen des rasch voranschreitenden Traktions-wechsels benötigte die DB Mitte der 1960er-Jahre eine leistungsfähige Streckendiesellok mit Dampfheizung. Aus diesem Grund bestellte die DB im Oktober 1967 bei den deutschen Loko-motivfabriken die Baureihe 215. Grundlage der Konstruktion bildeten die Baureihen 217 und 218. Der Rahmen der 215 fiel 40 Zentimeter länger aus als bei der Reihe 216. Das bot die Möglichkeit, die Lokomotiven zu einem späteren Zeitpunkt den Loks der BR 218 anzugleichen. Insgesamt zehn Loks der Vorserie rüstete man mit einem neuentwickelten Zwölfzylinder von MAN mit einer Leistung von 2.500 PS (1.580 kW) aus. Nach ausgiebiger Erprobung entschied man sich aber beim Bau von 120 Serienfahrzeugen für den Einbau des Daimler-Aggregats, das sich bereits in der Baureihe 216 bewährt hatte. Daran an schlossen sich weitere 20 Exemplare, die erneut mit dem inzwischen verbesserten MAN-Motor ausgerüstet wurden. Die Firma Krupp stattete 1974 die drei Loks 215 030 bis 032 einer elektrischen Zugheizung aus. Wegen ihrer Dampfheizung wanderte die 215 mit den Jahren zunehmend in den Güter-verkehr ab.

Baureihe	215, 225
Radsatzanordnung	B'B'
V_{max} (km/h)	140
Leistung (kW)	1.397/1.580
Kraftübertragung	hydrodynamisch
Dienstmasse (t)	80,0
Radsatzfahrmasse (t)	20,0
Länge über Puffer (mm)	16.400
Raddurchmesser (mm)	1.000
Indienststellung	1968–1971, 2001–2005*
* Baureihe 225	

Seit 2001 lichteten sich die Reihen. 67 Exem-plare übernahm bis Mitte 2003 DB Cargo, wo man sie als Baureihe 225 einreihte und die Dampfheizungsanlage gegen ein Warmhaltege-rät austauschte. Im Sommer 2003 erwarb DB Autozug 16 Loks von DB Regio und baute 14 Stück entsprechend der Baureihe 225 um, die als Baureihe 215[9] bezeichnet wurden. Doch ihr Einsatz vor den Autozügen zwischen Niebüll und Westerland/Sylt endete im Herbst 2008. Anfang 2015 waren nur noch 225 021 und 903 von Ulm aus planmäßig im Einsatz, alle anderen 215/225 waren abgestellt.

Baureihe 216

Ende der 1950er-Jahre gab die DB eine Mehrzwecklokomotive mit einer Leistung von 1.900 PS in Auftrag. Es sollte eine einmotorige, vierachsige Drehgestell-Lok mit dieselhydraulischer Kraftübertragung, einer Höchstgeschwindigkeit von mindestens 120 km/h und einer ausreichenden Zugheizung für einen D-Zug mit zehn Wagen sein.

1960 und 1961 erhielt die DB von Krupp die Prototypen V 160 001 bis 006 mit unterschiedlichen Motoren und Getrieben. 1962 und 1963 folgten V 160 007–010 von Henschel. Die ersten neun Loks besaßen einen gerundeten Vorbau während die zehnte Lok das kantige, moderne Gesicht zeigte, das zukünftig alle Loks V 160-Familie tragen sollten.

Nach ausgiebiger Erprobung begann 1964 die Serienfertigung, bei der statt des Maybach-Motors MD 870/1B der schwerere Daimler-Benz-Motor MB 839 Bb eingebaut wurde. Deshalb stieg das Gewicht der Loks um rund drei Tonnen an. Mit einer Radsatzlast von 20 t konnte die V 160(ab 1968: Baureihe 216) nur auf Hauptbahnen eingesetzt werden.

Bis 1969 lieferten Krupp, MaK, Henschel, KHD und Krauss-Maffei insgesamt 214 Serienloks. Im Laufe der Zeit erfolgten noch Verbesserungen

Baureihe	216
Radsatzanordnung	B'B'
V_{max} (km/h)	120
Leistung (kW)	1.397
Kraftübertragung	hydraulisch
Dienstmasse (t)	80,0
Radsatzfahrmasse (t)	20,0
Länge über Puffer (mm)	16.000
Raddurchmesser (mm)	1.000
Indienststellung	1964–1969

des Schallschutzes durch Dämmung der Führerhäuser, elastische Lagerung des Motors und Einbau wirksamerer Schalldämpfer.

Die Vorserienloks 216 001–010 wurden bereits zwischen 1978 und 1984 ausgemustert. Bei der Deutschen Bahn AG schieden die Serienloks der Baureihe 216 Februar 2004 aus. Sieben Maschinen rüstete man mit einer Scharfenberg-Kupplung aus und reihte diese neue ICE-Abschlepplok als Baureihe 226 ein. Den Dampferzeuger für die Zugheizung ersetzte man durch eine Webasto-Standheizungen und entsprechenden Ausgleichsgewichten. Inzwischen sind alle Maschinen aus dem Bestand der DB ausgeschieden.

45

Baureihe 217

Das Thema Zugheizung beeinflusste maßgeblich die Entwicklung die V-160-Lokfamilie. Eine Sonderrolle nimmt in diesem Zusammenhang die Baureihe 217 (bis 1968: V 162) ein, denn sie wurde als erste mit einer elektrischen Zugheizung ausgerüstet. Noch während die Serienfertigung der mit einer Dampfheizung ausgerüsteten Baureihe V 160(ab 1968: BR 216) lief, dachte man bei der DB über den Einbau einer elektrischen Zugheizung nach. Krupp lieferte 1965 und 1966 die Baumuster V 162 001–003 mit einer Leistung von 1.397 kW. Außerdem hatten sie einen 12-Zylinder-Heizdieselmotor von MAN mit einer Leistung von 370 kW, der einen BBC-Generator antrieb. Über einen speziellen Einspeiswandler konnte der Heizdiesel auch zur Fahrzeugtraktion herangezogen werden, falls keine Heizung erforderlich war. Die neuartigen Zwei-Wandler-Getriebe lieferten Maybach und Voith. Für den Einbau der elektrischen Zugheizung musste der Lokkasten um 40 Zentimeter verlängert werden. In den Jahren 1968 und 1969 lieferte ebenfalls Krupp die 217 011 bis 022. Sie waren u.a. mit neuen hydraulischen Getrieben für

Baureihe	217
Radsatzanordnung	B′B′
V_{max} (km/h)	130/140*
Leistung (kW)	1.397
Kraftübertragung	hydrodynamisch
Dienstmasse (t)	80,8
Radsatzfahrmasse (t)	20,2
Länge über Puffer (mm)	16.400
Raddurchmesser (mm)	1.000
Indienststellung	1965, 1968
*140 km/h für Loks mit Scheibenbremsen	

130 km/h ausgerüstet. Außerdem können die Maschinen bei Alleinfahrt auch nur vom Heizdiesel angetrieben werden.

Der technische Fortschritt machte aber einen Serienbau überflüssig, denn die kurz darauf folgende Baureihe 218 konnte auf den Heizdiesel wegen einer deutlich gesteigerten Motorleistung des Traktionsdiesels, der in der Lage war, auch den Heizgenerator anzutreiben, verzichten. Inzwischen sind alle Loks der Reihe 217 bei der DB ausgeschieden. Einige werden aber noch vor Güter-, Bau- und Sonder-Reisezügen von anderen EVU eingesetzt.

Baureihe 218⁰, 218¹, 218⁸

Die Baureihe 218 ist zweifellos die bedeutendste Baureihe der V-160-Familie. In vier Bauserien entstanden bis Ende der 1970er-Jahre rund 400 Exemplare. Noch bilden sie in vielen Regionen auf den nicht-elektrifizierten Strecken das Rückgrat im Schienenverkehr. Von Beginn an wurde 218 (bis 1968: V 164) mit einer elektrischen Zugheizung ausgerüstet, doch wollte man ohne den zusätzlichen Heizdieselmotor der Baureihe 217 auskommen. Traktion und Heizgenerator werden von einem einzigen Motor übernommen. Ende der 1960er-Jahre standen dafür Zwölf-Zylinder-Motoren mit einer Leistung von 1.840 kW zur Verfügung. 1968 und 1969 erhielt die DB von Krupp zwölf Vorserienlokomotiven der Baureihe 218. Alle Fahrzeuge waren mit dem neuen MTU-Dieselmotor V 6V 23/23 TL und einem Getriebe von Voith ausgerüstet. 218 001 besaß probeweise eine hydrodynamische Bremse. Nach einer umfangreichen Erprobung starteten Krupp, Henschel, Krauss-Maffei und MaK 1971 mit der Fertigung der modifizierten Serienloks. Zu den Veränderungen zählte u.a. der Einbau einer hydrodynamischen Bremse, die eine Höchstgeschwindigkeit von 140 km/h erlaubte. Die Getriebeeingangsleistung legte man

Baureihe	218
Radsatzanordnung	B'B'
V_{max} (km/h)	140
Leistung (kW)	1.840–2.060
Kraftübertragung	hydrodynamisch
Dienstmasse (t)	80,0
Radsatzfahrmasse (t)	20,0
Länge über Puffer (mm)	16.400
Raddurchmesser (mm)	1.000
Indienststellung	1968–1979

auf 1.485 kW fest. Während der Produktionszeit von rund zehn Jahren gab es verschiedene Änderungen: So wurde z.B. ab der 160. Lok die Leistung des Motors auf 2.060 kW erhöht, damit auch bei voller Heiz- oder Kühlleistung des 405-kW-Stromgenerators die vollständige Traktionsleistung von 1.485 kW gegeben war. Die Laufruhe der Drehgestelle verbesserten ab 218 299 Flexicoil-Federelemente.
In den Jahren seit der Jahrtausendwende wurde auch der Bestand der Baureihe 218 beständig kleiner. 15 Maschinen wurden zu Schlepploks für liegengebliebene ICE-Züge auf den Neubaustrecken umgebaut und als Baureihe 218⁸ eingereiht.

Baureihe 219, 229

Zu Beginn der 1970er-Jahre hatte die Reichsbahn der DDR weiterhin großen Bedarf an leistungsstarken Diesellokomotiven für Strecken, die noch nicht für 20 Tonnen Achslast ausgebaut waren. Anfang 1973 verhandelte die DR deshalb mit der rumänischen Lokfabrik »23. August« in Bukarest über Bau und Lieferung einer 120 km/h schnellen diesel-hydraulischen Maschine. Die 1974 georderten Prototypen der Baureihe 119 kamen 1976 zur DR. Zahlreiche Mängel bei Konstruktion und Fertigung erforderten umfangreiche Nacharbeiten. Wegen dieser Probleme kürzte die DR ihre Bestellung von ursprünglich 270 auf 200 Maschinen. Noch währenden der laufenden Auslieferung begann die DR mit der »Germanisierung« der Loks, in dem man Motoren und Strömungsgetriebe aus DDR-Produktion einbaute.

1990 benötigte die DR eine 140 km/h schnelle Diesellok mit einer leistungsfähigen Zentralen Energieversorgung (ZEV). So entstand durch Umbau bei Krupp Verkehrstechnik die Baureihe 229. Nach der Präsentation des Prototyps im Frühjahr 1992 folgten bis Herbst 1993 weitere 19 Maschinen. Aber nur wenige Monate zo-

Baureihe ab 1992	219	229
Baureihe bis	119	
Radsatzanordnung	C'C'	C'C'
V_{max} (km/h)	120	140
Leistung (kW)	2 x 990	2 x 1.380
Leistungsübertragung	hydrodynamisch	hydrodynamisch
Dienstmasse (t)	99,0	100,0
Radsatzfahrmasse (t)	16,5 t	16,7 t
Länge über Puffer (mm)	19.500	19.500
Raddurchmesser (mm)	1.000	1.000
Indienststellung	1976–1985	1992–1993

gen die jetzt mehr als 3.700 PS starken Loks Schnellzüge. Spätestens seit 1995 beförderten die Loks der Baureihen 219 und 229 nur noch Nah- und Regionalverkehrszüge. 1999 begann die DB AG damit, die erst wenige Jahre alten Maschinen der Baureihe 229 abzustellen; im Juli 2001 schied die letzte aus. Zwei Jahre später endete auch der Einsatz der Baureihe 219: im Sommer 2003 strich die DB AG die letzten Exemplare aus den Bestandslisten. 219 084 blieb als betriebsfähige Museumslok erhalten. Vier Maschinen übernahm DB Netz: 229 100, 126, 147 und 181.

Baureihe 220

Mitte der 1960er-Jahre musste die DR der DDR den Traktionswechsel aufgrund eines Regierungsbeschlusses beschleunigen. Die dringend benötigten neuen Diesellokomotiven wurden aus der Sowjetunion importiert, wo die Lokomotivfabrik »Oktoberrevolution« in Lugansk (ab 1970 Woroschilowgrad) für die Ungarischen Staatsbahnen (MAV) die diesel-elektrischen Lokomotiven vom Typ M 62 konstruiert hatten. Diese Loktype bildete die Grundlage für die neue Baureihe V 200, deren zwei Prototypen Ende 1966 bei der DR ein-trafen. Mit elektrischer Kraftübertragung und einem Zweitaktdieselmotor stellten Technik und Aufbau eine Neuerung dar. Die Loks waren mit rund 19 t Achsfahrmasse nicht für den Einsatz auf Nebenbahnen geeignet. Außerdem fehlte eine Zugheizung, sodass die Maschinen nur Güterzüge befördern konnten. Der durchdrin-gende Motorsound machte schnell deutlich, dass die Lok einen Schalldämpfer benötigte. Sein Prototyp konnte jedoch erst ab 1967 er-probt werden.
Die DR erhielt bis August 1969 zunächst 287 Exemplare der Baureihe V 200 (ab 1970: Bau-reihe 120). Die Anzahl der robusten, zuverläs-

Baureihe ab 1992	220
Baureihe bis 1992	120
Radsatzfolge	Co'Co'
V_{max} (km/h)	100
Leistung (kW)	1.470
Kraftübertragung	elektrisch
Dienstmasse (t)	115,1
Radsatzfahrmasse (t)	19,2
Länge über Puffer (mm)	17.770
Raddurchmesser	1.050
Indienststellung	1966–1974

sigen und leistungsstarken »Wummen« im DR-Bestand wuchs bis 1976 auf 376 Exemplare. Die zunehmende Elektrifizierung seit Beginn der 1980er-Jahre schränkte die Einsatzmöglichkei-ten der Loks immer weiter ein. Die starken Ein-brüche beim Güterverkehrsaufkommen Anfang der 1990er-Jahre beschleunigte diesen Trend. Im Jahr 1992 waren noch 292 Maschinen in den Bestandslisten. Zwei Jahre später waren die Loks nur noch in den Werken Dresden-Friedrichstadt, Gera und Leipzig-Wahren be-heimatet. Die letzte »Taigatrommel« wurde am 21. Dezember 1994 abgestellt.

Baureihe 228

Unter schwierigen Bedingungen entwickelte die DR der DDR Ende der 1950er-Jahre die vierachsigen Großdieselloks der Baureihe V 180^{0,1} (ab 1970: BR 118^{0,1}), von der aber kein Exemplar mehr in den Bestand der DB AG gelangte. Wenige Jahre später folgte die sechsachsige V 180^2 (ab 1970: BR 118^2), von der die DB AG die letzten Exemplare 1995 abstellte.

Die sechsachsige Ausführung entstand Anfang der 1960er-Jahre, weil die vierachsigen Maschinen für viele Strecken zu schwer waren. Um das Gewichtsproblem zu lösen, entwickelte der LKM Babelsberg neue dreiachsige Drehgestelle, sodass die Achsfahrmasse von 19,7 auf 15,6 t sank. Auf der Leipziger Frühjahrsmesse 1964 stellte der LKM Babelsberg den Prototypen V 180 201 vor, die Serienlieferung begann 1966. Mit der Indienststellung der V 180 406 am 10. April 1970 endete der Bau von Großdiesselloks in der DDR. Anfang der 1970er-Jahre erprobte die DR erfolgreich ein 900 kW starken Dieselmotor in einer 118^2, sodass man weitere Maschinen umbaute. Bis 1990 wurden insgesamt 179 Maschinen mit Motoren des Typs

Baureihe ab 1992	228^{2,4}	228^{6,8}
Baureihe bis 1992	118^{2,4}	118^{6,8}
Radsatzanordnung	C'C'	C'C'
V_{max} (km/h)	120	120
Leistung (kW)	2 x 736	2 x 900
Kraftübertragung	hydrodyn.	hydrodyn.
Dienstmasse (t)	93,6	95,0
Radsatzfahrmasse (t)	15,6	15,6
Länge über Puffer (mm)	19.460	19.460
Raddurchmesser (mm)	1.000	1.000
Indienststellung	1964–1970	1978–1990

12 KVD AL-4 ausgerüstet und zur Baureihe 118^{6,8} umgezeichnet. Die tief greifenden wirtschaftlichen Umwälzungen der deutschen Wiedervereinigung führten schließlich dazu, dass die Loks der nunmehrigen Baureihe 228 relativ schnell abgestellt wurden. Bereits 1995 gehörten nur noch 60 Maschinen zum Bestand der DB AG. Ein Jahr später waren es nur noch zehn Maschinen. Die letzten Exemplare wurden im Juni 1998 ausgemustert. Noch immer setzen einige Privatbahnen die ehemalige V 180 ein.

■50

Baureihe 230, 231

Als letzte verbliebene Diesellokbaureihe der ehemaligen Deutschen Reichsbahn (DR) setzt die DB AG noch einige Exemplare der ehemaligen Baureihe 132 und ihre Varianten ein.

Mitte der 1960er-Jahre benötigte die DR für den Traktionswechsel dringend eine Diesellok mit einer Leistung von 3.000 PS, elektrischer Kraftübertragung und elektrischer Zugheizung. Mit der Entwicklung der gewünschten Maschine wurde die Lokomotivfabrik »Oktoberrevolution« in Lugansk (ab 1970: Woroschilowgrad)

Baureihe ab 1992	230	754	231
Baureihen bis 1992	130	130[1]	131
Radsatzfolge	Co'Co'	Co'Co'	Co'Co'
V_{max} (km/h)	140	140	100
Leistung (kW)	2.206	2.206	2.206
Kraftübertragung	elektrisch	elektrisch	elektrisch
Dienstmasse (t)	116,2	120,0	116,2
Radsatzfahrmasse (t)	19,4	20,5	19,4
Länge über Puffer (mm)	20.620	20.620	20.620
Raddurchmesser	1.050	1.050	1.050
Indienststellung	1970–1972	1973	1972–1973

beauftragt. Schon 1968 unternahm das erste Exemplar des Typs TE 109 seine ersten Probefahrten. Die Leistungsübertragung erfolgte mit Hilfe eines Drehstrom-Synchron-Generators und einer Gleichrichteranlage, die den Gleichstrom für Fahrmotoren erzeugte. Das Baumuster der neuen Baureihe wurde auf der Leipziger Frühjahrsmesse 1970 präsentiert. Doch die DR war mit der Baureihe 130 nicht zufrieden. Weil der sowjetische Lieferant auf den Einbau einer Zugheizung verzichtet hatte, konnten die 140 km/h

schnellen Maschinen nur im Güterzugdienst eingesetzt werden. Deshalb beschaffte die Reichsbahn bis Mai 1973 nur 80 Exemplare der Baureihe 130.

Im Herbst 1971 wurde erstmals die Idee erörtert, aus der Baureihe 130 eine langsamere, aber zugstärkere Variante für den Einsatz auf den steigungsreichen Hauptbahnen abzuleiten. Dazu musste lediglich die Getriebeübersetzung modifiziert werden. Dies verringerte der Höchstgeschwindigkeit auf 100 km/h. 131 001

wurde am 11. Januar 1973 als erste ihrer Baureihe in Dienst gestellt. Sie besaß eine rund 50 % höhere Zugkraft im Vergleich zur

Baureihe 130. Bis November 1973 beschaffte die DR insgesamt 76 Maschinen der Baureihe 131. Parallel zur Entwicklung der Baureihe 131 konstruierte die DR in Kooperation mit der Lokomotivfabrik »Oktoberrevolution« eine elektrische Zugheizung. Diese teste man bei der 1973 in Dienst gestellten 130 102. Das zweite Baumuster (130 101) folgte im März 1974. Um die Zugheizungseinrichtung unterbringen zu können, musste der Rahmen der beiden Loks um 20 cm verlängert werden.

Mit dem Zusammenbruch des Güterverkehrs konnte die DR auf die Maschinen der Baureihen 230 und 231 verzichten. Anfang 1994 stellte das Bw Seddin die letzten Exemplare der Baureihe 230 ab. Im Frühjahr 1995 hatten die letzten Loks der Baureihe 231 ausgedient. Die beiden Versuchsloks 130 101 und 130 102 trugen ab 1992 die Betriebsnummer 754 101 und 754 102. Die Maschinen wurden meist nur noch für Test- und Messfahrten herangezogen. 754 101 wurde als letzte im Frühjahr 1997 abgestellt. Sie blieb aber als Museumslok in Halle (Saale) erhalten.

Baureihe 232, 241

Die Geschichte der Baureihe 132 beginnt Mitte der 1960er-Jahre, als die Regierung der DDR von der DR verlangte, den Traktionswechsel mit Hilfe von Dieselloks zu beschleunigen. Die DR brauchte nun eine Diesellok mit einer Leistung von 3.000 PS, elektrischer Kraftübertragung und elektrischer Zugheizung. Die neue Baureihe V 300 fertigte die Lokomotivfabrik »Oktoberrevolution« in Lugansk (ab 1970: Woroschilowgrad). Die Leistungsübertragung erfolgte mit Hilfe eines Drehstrom-Synchron-Generators und einer Gleichrichteranlage, die die Fahrmotoren versorgte. Mit der ab Dezember 1973 gelieferten Baureihe 132 verfügte die DR endlich über eine Diesellok für den schweren Personen- und Güterzugdienst. Bis 1982 beschaffte die DR über 700 Maschinen. Allerdings war die Freude an der 120 km/h schnellen »Ludmilla« nicht ungetrübt: Durch die Zugheizungseinrichtung stieg die Achsfahrmasse auf 20,4 t an, was zu einem erheblichen Verschleiß an den Gleisen führte. Doch diese Probleme konnten gelöst werden und so wurde die Baureihe 132 binnen weniger Jahre zum Rückgrat im schweren Zugdienst auf den nicht elektrifizierten Hauptbahnen der DR. So gelang-

Baureihe ab 1992	232	241
Baureihe bis 1992	132	-
Radsatzanordnung	Co'Co'	Co'Co'
V_{max} (km/h)	120	100
Leistung (kW)	2.232	2.940
Kraftübertragung	elektrisch	elektrisch
Dienstmasse (t)	122,4	126,0
Radsatzfahrmasse (t)	20,4	20,4
Länge über Puffer (mm)	20.820	20.820
Raddurchmesser (mm)	1.050	1.050
Indienststellung	1973–1982	1999, 2001

te sie auch als Baureihe 232 in den Bestand der DB AG.
1997 modernisierte die DB AG ein Exemplar und gab ihr die Nummer 232 800. Nach ausgiebiger Erprobung wurden in zwei Bauserien je fünf 232er in die neue Baureihe 241 umgebaut. Die Loks erhielten neue Diesel- und Elektromotoren, verstärkte Bremseinrichtungen, eine Übersetzung für eine Höchstgeschwindigkeit von 100 km/h sowie eine Gleit- und Schleuderschutzeinrichtung.
Während die 232 noch bei der DB zu finden ist, ist die 241 aus dem Dienst ausgeschieden.

Baureihe 233

In den 1990er-Jahren zeigte sich, dass bei zahlreichen Lokomotiven der Baureihe 232 die Motoren die Verschleißgrenze erreicht hatten. Weil die DB AG aber mittelfristig nicht auf die Dienste der robusten Loks verzichten konnte, suchte man nach Ersatzmotoren.
Erprobt wurden Motoren von Caterpillar, MaK und ein dem bisherigen 5D49 ähnlicher Kolomna-Motor vom Typ 12D49M. Aus Kostengründen und weil der russische Motor sich mit dem geringsten Aufwand in das Fahrzeug einbauen ließ, wurde dieser für den Umbau ausgewählt. Der neue Motor besitzt nur noch zwölf Zylinder, dessen Turbolader aber einen höheren Ladedruck erzeugt. Im Leerlauf können mehrere Zylinder zur Kraftstofferparnis abgeschaltet werden. Neben den neuen russischen Dieselaggregaten wurden viele weitere Details, wie die Steuerelektronik, die Kühlanlagen und einiges mehr modernisiert. So passte man z.B. auch die Führerräume an die neuen Arbeitsplatzvorschriften an und rüstete die Loks mit einer neuen Spurkranzschmierung aus. Der

Baureihe	233
Radsatzanordnung	Co'Co'
V_{max} (km/h)	120
Leistung (kW)	2.206
Kraftübertragung	elektrisch
Dienstmasse (t)	120,0
Radsatzfahrmasse (t)	20,0
Länge über Puffer (mm)	20.820
Raddurchmesser (mm)	1.050
Indienststellung	2002–2003

Traktionsgleichrichter besteht aus neuen Hochleistungs-Halbleiterbauelementen.
Bis 2003 wurden 64 Lokomotiven im Werk Cottbus umgebaut, die als Baureihe 233 eingereiht wurden. Ob das Einsatzende für die letzten Exemplare dieser Maschinen, wie ursprünglich geplant, im Jahr 2020 sein wird, bleibt abzuwarten. Zwar sind schon zahlreiche Loks von einer Untersuchung zurückgestellt. Die Übrigen erbringen aber ihre Leistungen zur Zufriedenheit des Personals von DB Schenker Rail.

Baureihe 234

Nach der Öffnung der innerdeutschen Grenze im Jahr 1989, wuchs zunehmend der Bedarf an Dieselloks für den neuen InterCity- und InterRegio-Verkehr zwischen den ehemals getrennten west- und ostdeutschen Metropolen. Weil die Mehrzahl der Strecken nicht elektrifiziert war, benötigte die Deutsche Reichsbahn dringend leitungsfähige Diesellokomotiven mit einer Höchstgeschwindigkeit von 140 km/h. Die Loks der Baureihe 132 (ab 1992: BR 232) schienen im Prinzip für diese Leistungen geeignet, waren aber nur 120 km/h schnell. Weil aber zunehmend Loks der engverwandten, aber 140 km/h schnellen Baureihe 130 (ab 1992: BR 230) abgestellt wurden, entschied sich die DR 1991 für den Umbau der Baureihe 232. Um die Höchstgeschwindigkeit auf 140 km/h anheben zu können, erhielten die Loks die Radsatzgetriebe aus Lokomotiven der Baureihe 130 und eine entsprechend angepasste Bremsausrüstung. Für die Versorgung von Speise- und Bistrowagen war der Umbau einiger Schaltungen erforderlich.
Unter Beibehaltung ihrer Ordnungsnummern erhielten sie die neue Baureihenbezeichnung

Baureihe	234
Radsatzfolge	Co'Co'
V_{max} (km/h)	140
Leistung (kW)	2.206
Kraftübertragung	elektrisch
Dienstmasse (t)	122,0
Radsatzfahrmasse (t)	20,0
Länge über Puffer (mm)	20.820
Raddurchmesser (mm)	1.050
Indienststellung	1992–1997

234 und teilweise modifizierte Motoren. Außerdem wurde die Schalldämpfung überarbeitet. Ab 2001 begannen sich mangels Bedarf die Reihen dieser Maschinen stark zu lichten. Ab September 2001 gab es neun Rückbauten in die Unterbaureihe 232^9 (232 901–909) für den Einsatz in den Niederlanden. Die Höchstgeschwindigkeit wurde dabei wieder auf 120 km/h reduziert.
Inzwischen wurden mit 234 242 und 234 278 die beiden letzten Exemplare dieser Baureihe ausgemustert. Die türkisfarbene 234 304 ist als Museumsexponat in Nossen hinterstellt.

Baureihe 242

Gleichzeitig mit der Entwicklung der 3.000 PS starken Baureihe 132 plante die Deutsche Reichsbahn der DDR noch den Kauf einer als Baureihe 142 bezeichneten Version mit einer Leistung von 4.000 PS für den Einsatz im schweren Güterzugverkehr. Die Konstruktionsarbeiten dazu begannen Anfang der 70-Jahre. Aufbauend auf ihrer Type TE 109 entwickelte die Lokomotivfabrik »Oktoberrevolution« die TE 115, von der die DR 1973 zunächst vier Exemplare orderte. Zwischen Mai und Oktober 1977 stellte die DR die Loks als 142 001 bis 142 004 in Dienst. Zwei weitere Exemplare folgten im Jahr darauf. Die Baureihe 142 stimmte in vielen Teilen mit der Baureihe 132 überein. Die wichtigsten Neuentwicklungen waren der neue Hauptgenerator und die Fahrmotoren des Typs ED 120. Für die höhere Leistung des baugleichen Motors sorgte der höhere Mitteldruck des neuen Abgasturboladers. Allerdings verzichtete die DR auf den Kauf weiterer Maschinen der Baureihe 142, weil in der Zwischenzeit der Ölpreis stark gestiegen war und die Regierung der DDR statt der Dieseltraktion

Baureihe ab 1992	242
Baureihe bis 1992	142
Radsatzfolge	Co'Co'
V_{max} (km/h)	120
Leistung (kW)	2.941
Kraftübertragung	elektrisch
Dienstmasse (2/3 Vorräte)	126,0
Radsatzfahrmasse (t)	20,9
Länge über Puffer (mm)	20.820
Raddurchmesser	1.050
Indienststellung	1977–1978

den Ausbau der Elektrifizierung förderte. Im Jahr 1992 erhielten die sechs Exemplare noch die neue Baureihennummer 242, doch der starke Rückgang im Güterverkehr machte die Splittergattung überflüssig. Im Sommer 1994 stellte das Bw Stralsund beiden letzten Maschinen ab. Im Herbst 2009 wurde 242 006 im Werk Cottbus verschrottet, die anderen fünf Maschinen sind heute in unterschiedlichen Farbgebungen für mehrere private Eisenbahnverkehrsunternehmen (EVU) unterwegs.

Baureihe 245

Bombardier in Kassel liefert mit den Maschinen des Typs »TRAXX DE ME« (ME = Multi-Engine) die neuesten Dieselloks an die DB AG. Die Loks unterscheiden sich durch vier kleine Motoren von den herkömmlichen Dieselloks, die von einem oder zwei großen Motoren angetrieben werden.

Die Verwendung der kleinen Motoren hat seinen Grund in den aktuellen Abgasnormen, die mit den angebotenen großen Motoren nur schwer eingehalten werden konnten, was aufwendige Neukonstruktionen zur Folge gehabt hätte. Die kleinen Motoren halten die Abgaswerte leicht ein.

Die Loks der Baureihe 245 bauen auf den Elektrolokomotiven der Reihen 185/186 auf und haben deren Drehgestelle inklusive des elektrischen Antriebs. Neu sind lediglich Seitenwände und Dach, die für den Dieselantrieb mit Lüftergittern, Abgasausläßen und Revisionsklappen ausgestattet werden mussten.

An jeden Motor vom Typ Caterpillar Typ CAT C 18 ACERT mit Ladeluftkühlung und Direkteinspritzung ist ein Generator angeflanscht, der die elektrische Energie für den Fahrmotor

Baureihe	245
Radsatzanordnung	Bo'Bo'
V_{max} (km/h)	160
Motorleistung (kW)	4 x 563
Leistungsübertragung	elektrisch
Dienstmasse (t)	83,0
Größte Radsatzfahrmasse (t)	21,0
Länge über Puffer (mm)	18.900
Raddurchmesser (mm)	1.250
Indienststellung	2014–

eines Radsatzes liefert. Motoren und Generatoren befinden sich in der Mitte des Maschinenraums. Zwischen dem Motorbereich und den beiden Führerräumen sind die Kühlaneinrichtungen und die Druckluftanlage platziert.

Um Energie zu sparen, lassen sich die Motoren einzeln zu- und abschalten, so kann immer die beste Traktionsleistung gewählt werden.

Die verkehrsroten Loks gehören zu DB Regio und werden vor RegionalExpress-Zügen von Kempten, Mühldorf (Südostbayernbahn) und Frankfurt/Main aus meist mit Doppelstockwagen eingesetzt.

Baureihe 261, 265

Im September 2008 bestellte die Deutsche Bahn AG für rund 250 Millionen Euro bei Voith Turbo Lokomotivtechnik 130 Diesellokomotiven vom Typ Gravita. Diese Bestellung teilt sich in 99 Maschinen der leichten Ausführung 10 BB mit einer Leistung von 1.000 kW und einem Gewicht von 80 Tonnen. Die 31 anderen Loks gehören zur schwereren Ausführung 15 BB. Sie leisten 1.800 kW und wiegen je nach Ausstattung zwischen 84 und 90 Tonnen. Die leichten Maschinen werden bei der DB als Baureihe 261 bezeichnete, die schweren als Baureihe 265.

Die Lokomotiven haben eine hydrodynamische Leistungsübertragung, Gelenkwellenantrieb der Radsätze, Mittelführerhaus und niedrige Aufbauten. Als Antriebsmaschine wird bei der 261 der MTU-Dieselmotor 8 V 4000 R43 verwendet. Das Turbowendegetriebe 4r4zseU2 überträgt die Leistung mittels Gelenkwellen auf die vier Radsatzgetriebe. Das Getriebeprinzip erlaubt ein verschleißfreies Bremsen des Fahrzeuges über die Wandler der Gegenrichtung. Das Turbogetriebe enthält ein im Stillstand schaltbares Stufengetriebe, das im Rangiergang 50 km/h

Baureihe	261	265
Radsatzanordnung	B'B'	B'B'
V_{max} (km/h)	100	100
Leistung (kW)	1.000	1.800
Kraftübertragung	hydrodyn.	hydrodyn.
Dienstmasse (t)	80,0	83,0–90,0
Radsatzfahrmasse (t)	20,0	20,0
Länge über Puffer (mm)	15.720	16.880
Raddurchmesser (mm)	1.000	1.000
Indienststellung	2010–2013	2012–2014

und im Streckengang 100 km/h erlaubt. Der Lokomotivrahmen ist eine Schweißkonstruktion mit Deckblech und innen liegenden Langträgern. Die Aufbauten sind mit abnehmbaren Hauben und großen Wartungstüren versehen. Die Lok ist mit der Mikroprozessorsteuerung Voith TRACSYS gemäß EN 50155 ausgerüstet, besitzt Schleuderschutz- und Gleitschutzeinrichtung, Mehrfachsteuerung mit bis zu drei Lokomotiven mittels serieller Datenübertragungsleitung und eine Geschwindigkeits-Konstantregelung, die im Bereich zwischen 3 km/h und 15 km/h wirksam ist.

Baureihe 290, 294, 296

Mitte der 1960er-Jahre benötigte die DB eine leistungsfähige Diesellok für den schweren Rangierdienst. Diese sollte eigentlich auf Grundlage der V 100 entstehen, aber als sich dies nicht realisieren ließ, erarbeitete das BZA München zusammen mit MaK einen neuen Entwurf.

Schließlich entstand eine Lok mit neuem Rahmen und neuen Drehgestellen, die man als Baureihe V 90 (ab 1968: BR 290) einreihte. Die Firma entwickelte für die Maschine ein neues Turbogetriebe, das L 206 rs, ein Zweiwandlergetriebe ohne Kupplungsgang. Beim Motor entschied man sich für das MTU-Aggregat, das auch in der V 100 eingebaut wurde. Seine Leistung wurde jedoch auf etwas mehr als 800 kW gedrosselt. Weil die V 90 eine Achslast von 20 Tonnen erreichen sollte, entstand eine sehr robuste Konstruktion.

Zwischen August 1964 und Februar 1965 lieferte MaK 20 Vorserienloks an die DB, die nur 70 km/h schnell waren. Bereits 1966 begannen MaK, KHD und Jung, Jungenthal, mit der Auslieferung der insgesamt 375 bestellten Maschinen der Serie, die sich bis ins Jahr 1974 erstreckte.

Baureihe	290, 294, 296
Radsatzanordnung	B'B'
Vmax (km/h)	80
Leistung (kW)	810
Kraftübertragung	hydrodynamisch
Dienstmasse (t)	80,0
Radsatzfahrmasse (t)	20,0
Länge über Puffer (mm)	14.000
Raddurchmesser (mm)	1.100
Indienststellung	1964–1974

Nach dem Einbau einer Funkfernsteuerung ab Dezember 1995 wurden die umgebauten 290 in die Baureihe 294 umgezeichnet. Durch den Einbau neuer Motoren mit 1.000 kW Leistung in zehn Loks der Reihe 294 im Jahr 2000 entstand die Unterbaureihe 294^{95}. Die 294 951 bis 960 fahren im schweren Hüttenverkehr des Saarlandes. Durch Remotorisierung der 290/294 mit dem abgasarmen MTU-Motor 8V4000R41 (1.000 kW) entstanden ab 2003 die Unterbaureihen 290^5/294^5. Für den zentral funkferngesteuerten Einsatz auf großen Rangierbahnhöfen baute man ab 2004 einige 290er zur Baureihe 296 um.

Baureihe 291, 295

Zeitnah zu den Baumustern der Baureihe V 90 fertigte die Firma MaK drei Loks, in die sie statt des MTU-Aggregats der V 90 einen langsam laufenden Acht-Zylinder-Reihenmotor (1.100–1.400 PS) aus eigener Produktion einbaute, der sich bereits im Schiffbau bewährt hatte. Die Firma Voith lieferte auch ein leicht modifiziertes Getriebe L 206 rsb, mit dem die Loks eine Höchstgeschwindigkeit von 90 km/h erreichten. Die Deutsche Bundesbahn mietete die drei Loks vom Typ V 90P an und unterzog sie als V 90 901 bis 903 (ab 1968: 291 901–903) vom Bw Delmenhorst einer umfangreichen Erprobung. Weil der Motor ca. 3,5 Tonnen schwerer war als der der Baureihe 290 konnte man bei den 291 auf das Ballastgewicht verzichten. Schließlich orderte die DB im Jahr 1973, als sie ihren Bestand an schweren Rangierloks nochmals aufstocken musste, in zwei Baulosen zu je 50 Stück die neue Baureihe 291. Die mit einem verbesserten Motor (gedrosselt auf 1.100 PS) ausgerüsteten Serienloks, die zwischen 1974 und 1978 geliefert wurden, erhielten die Nummern 291 001

Baureihe	291, 295
Radsatzanordnung	B'B'
Vmax (km/h)	80
Leistung (kW)	809
Kraftübertragung	hydrodynamisch
Dienstmasse (t)	80,0
Radsatzfahrmasse (t)	20,0
Länge über Puffer (mm)	14.000
Raddurchmesser (mm)	1.100
Indienststellung	1967, 1974

bis 100. Die drei Baumuster 291 901 bis 903 erwarb die DB ebenfalls. Die Baureihe 291 gelangte komplett in den Bestand der DB AG. Der Einbau einer Funkfernsteuerung für den automatisierten Abdrückbetrieb im Rangierbahnhof Maschen ab Dezember 1995 machte sie zur Reihe 295. Die Einsatzorte der Baureihe 291/295 liegen vorwiegend in Norddeutschland. Inzwischen wurden die meisten Loks beider Baureihen durch die neuen Gravita-Baureihen 261 und 265 abgelöst. Einige 291/295 konnte die DB an private EVU verkaufen.

Baureihe 293, 298

Nachdem sich die V 100 (ab 1970: Baureihe 110) bewährte, bemühte sich die DR um die Weiterentwicklung der robusten Baureihe. Ende der 1970er-Jahre benötigte sie eine Diesellok für den schweren Rangierdienst. Als Erprobungsmuster diente abermals die Baureihe 110, für die der VEB Strömungsmaschinen Pirna ein hydrodynamisches Wendegetriebe entwickelte. Das Getriebe ermöglichte einen Fahrtrichtungswechsel während des Rangierens ohne Stillstand der Lok. Nach Standversuchen wurde es 1978 in 110 156 und 110 161 eingebaut.

Die ab 1. Januar 1985 als Baureihe 108 (ab 1992: BR 298) bezeichneten Maschinen bewährten sich zwar, der Serienumbau unterblieb zwar zunächst, doch wenige Jahre später sollte man sich an diese Loks erinnern. Nichtsdestoweniger beschaffte die DR in den 1980er-Jahren wegen des gestiegenen Güterverkehrs eine aus der V 100 abgeleitete Rangierlok, die Baureihe 111. Sie entsprach weitgehend der vom LEW Hennigsdorf für den schweren Rangierdienst entwickelten V 100[4]. Diese war nur für 65 km/h zugelassen und besaß eine höhere Reibungsmasse. Die orangefarbenen Maschinen unterschieden sich im Aussehen durch die Rangierbühnen deutlich von der Baureihe 110. Aber die Baureihe 111 bewährte sich

Baureihe ab 1992	293/298[3]	298
Baureihe bis 1992	111	110
Radsatzfolge	B'B'	B'B'
V_{max} (km/h)	65	60
Motorleistung (kW)	736	750
Kraftübertragung	hydraulisch	hydraulisch
Dienstmasse (t)	64,0	64,8
Radsatzfahrmasse (t)	15,8	15,8
Länge über Puffer (mm)	14.240	13.940
Raddurchmesser (mm)	1.000	1.000
Indienststellung	1983	1981–1983

nicht: Für den Zugdienst war sie zu schwach, für den schweren Rangierdienst aufgrund des fehlenden Stufengetriebes nur bedingt geeignet. So entstand die Idee, die Reihe 111 analog der Reihe 108 mit einem Strömungswendegetriebe auszurüsten. 111 036 und 111 037 dienten 1990 als Baumuster. Von November 1991 bis August 1993 wurden 111er, die 1992 noch zur Baureihe 293 umgezeichnet worden waren, umgebaut und als Baureihe 298[3] eingereiht. Zudem wurden 45 Maschinen der Baureihe 201 zur Baureihe 298 umgebaut. Ab Juni 1997 wurden alle 298er mit Funkfernsteuerung und automatischen Rangierkupplungen ausgerüstet.

Baureihe 310

Im Bestand der Deutschen Reichsbahn der DDR befanden sich nach dem Zweiten Weltkrieg rund 90 regelspurige Kleinloks der Leistungsgruppe I (Kö I) und ca. 350 Fahrzeuge der Leistungsgruppe II (Kö II bzw. Köf II). Als die DR etwa 50 weitere Kleinloks von der ehemaligen Wehrmacht, den Anschlussbahnen oder den enteigneten Klein- und Privatbahnen übernahm, erhöhte dies die Anzahl der verschiedenen Typen. Nach der Ausmusterung von Einzelgängern und Schadloks mit hohem Reparaturbedarf besaß die Deutsche Reichsbahn Mitte der 1950er-Jahre 82 Maschinen der Leistungsgruppe I und 345 Loks der Leistungsgruppe II. Seit der Mitte der 1950er-Jahre ersetzte das Raw Dessau abgenutzte und defekte Original-Motoren und mechanische Getriebe durch Produkte aus DDR-Betrieben. Außerdem baute das Raw Dessau zwischen 1957 und 1968 insgesamt 42 Kleinloks neu auf. Seit Anfang der 60er-Jahre vereinheitlichte das Raw Dessau die Kleinloks Stück für Stück.

Baureihe ab 1992	-	310^{1-7}	310^8
Baureihe ab 1970	100^0	100^{1-7}	100^8
Radsatzanordnung	B	B	B
V_{max} (km/h)	18*	30	30
Leistung (PS)	39	110	110
Kraftübertragung	mechanisch	mechanisch	hydraulisch
Dienstmasse (t)	8,0 – 10,0	16,0	17,0
Radsatzfahrmasse (t)	4,0 – 5,0	7,5	8,0
Länge über Puffer (mm)	5.575	6.450	6.450
Raddurchmesser (mm)	850	850	850
Indienststellung	1933–1937	1932–1962	1941–1942
* teilweise auch 23 km/h			

Als die Kleinloks Anfang der 70er-Jahre langsam ihre Bedeutung für den Betriebsdienst verloren, setzte sie die DR als Rangierloks in den Ausbesserungswerken ein oder veräußerte die Maschinen als Werkloks an volkseigene Betriebe. 1992 führte die DR 322 Exemplare der Leistungsgruppe II in ihren Bestandslisten. Die Deutsche Bahn AG übernahm 1994 die verbliebenen 200 Maschinen, von denen 1996 noch 47 Kleinloks vorhanden waren. Die letzten vier Exemplare musterte die DB AG am 30. Dezember 1998 aus.

Baureihe 311

Mitte der 1950er-Jahre orderte die DR eine zweiachsige Dieselloktype für den leichten Rangier- und Streckendienst, die eine Leistung zwischen 150 und 180 PS besitzen sollte. Für eine Rangierlok typisch waren ein geräumiger Endführerraum und ein schmaler Vorbau für den Motor vorgesehen. Der beauftragte LKM Babelsberg wählte die Rangierlok des Typs V 10B als Basis. Bis zur Serienreife mussten diverse Mängel beseitigt werden, sodass erst 1961 die Serienfertigung der Baureihe V 15 startete. Bis 1964 beschaffte die DR insgesamt 248 Exemplare der 180 PS starken V 15^{10}/V 15^{20}. Ende der 1960er-Jahre dachten die Ingenieure der DR über den Einbau leistungsstärkerer Motoren und neuer Strömungsgetriebe in die V 15^{10}/V 15^{20} (ab 1970: BR 101) nach. Das Baumuster 101 210 baute man 1972 um, der Serienumbau begann 1975. Bis 1981 wurden insgesamt 225 Maschinen umgebaut und als Baureihe 101^{5-7} eingereiht. Die DR führte im Sommer

Baureihe ab 1992	311^0	311^{1-3}	311^{5-7}
Baureihe ab 1970	101^0	101^{1-3}	101^{5-7}
Radsatzanordnung	B	B	B
V_{max} (km/h)	37*	37	42
Leistung (PS)	180**	180	220
Kraftübertragung	hydraulisch	hydraulisch	hydraulisch
Dienstmasse (t)	20,0	21,5	21,5
Radsatzfahrmasse (t)	10,0	10,7	10,7
Länge über Puffer (mm)	6.940	6.940	6.940
Raddurchmesser (mm)	1.000***	1.000	1.000
Indienststellung	1959–1960	1960–1966	
* bis V 15 2025: 32 km/h			
** bis V 15 1020: 150 PS			
*** bis V 15 2025: 900 mm			

1990 noch 253 der orangefarbenen Maschinen der Baureihen 101^0, 101^{1-3} und 101^{5-7} in ihren Bestandslisten. 1992 wurden sie zur Baureihe 311 umgezeichnet, doch kurz darauf musterte man die ersten Maschinen aus. 1997 zählten nur noch 25 Maschinen der Baureihe 311^{5-7} zum Bestand der DB AG. Im April 1999 wurden die beiden letzten Exemplare ausgemustert.

Baureihe 312⁰, 312¹

Die Baureihe V 15^{10}/V 15^{20} (Typ V 18B) der DR diente auch als Basis für die stärke Rangierlok der Baureihe V 23 (Typ V 22B). Nach der erfolgreichen Erprobung begann Ende 1967 die Produktion der Serie beim LKM Babelsberg. Das Unternehmen fertigte 80 Maschinen der Baureihe V 23 für die DR, die ab 1970 als Baureihe 312⁰ eingereiht wurden. Den weitaus größten Teil der mehr als 600 Loks lieferte LKM Babelsberg aber bis 1976 an die DDR-Industriebetriebe und ins Ausland. Die DB AG führte 1998 noch 21 Loks in ihren Bestandslisten. Nichtsdestoweniger schaffte es die Baureihe 312⁰ bis ins neue Jahrtausend: 2001 musterte man die vier letzten Exemplar aus.

Zur DB AG kamen auch noch einige Exemplare der Baureihe 312¹, besser bekannt unter ihren Spitznamen »Gartenlaube« und »Postkasten«, die sie wegen der eigenwilligen Form ihrer Aufbauten erhalten hatten. Die Lok, die für den leichten Rangier- und Streckendienst gedacht war, entwickelten DR und LKM Babelsberg im Anschluss an die V 23. Von Letzterer übernahmen die Konstrukteure auch Motor und Getriebe, entschieden sich aber für einen längeren Achs-

Baureihe ab 1992	312⁰	312¹
Baureihe ab 1970	102⁰	102¹
Radsatzanordnung	B	B
V_{max} (km/h)	35	40
Leistung (PS)	220	220
Kraftübertragung	hydraulisch	hydraulisch
Dienstmasse (t)	23,3	24,6
Radsatzfahrmasse (t)	10,7	12,3
Länge über Puffer (mm)	6.940	8.000
Raddurchmesser (mm)	1.000	1.000
Indienststellung	1967–1969	1970

stand und entwarfen Aufbauten sowie den Fahrzeugteil neu. Die Produktion der 102¹ startete 1970 und endete Anfang des darauffolgenden Jahres nach 157 Exemplaren. Die DR setzte die Baureihe 312¹ im leichten Rangier-, Strecken- und Bauzugdienst ein. Mit Übergang auf die DB 1994 wurden die ersten Exemplare ausgemustert. Doch auch sie schaffte es bis ins nächste Jahrtausend: Im Jahr 2001 standen noch 26 Maschinen in den Bestandslisten der DB AG, doch bereits zum 1. Januar 2002 wurden die letzten vier Gartenlauben daraus gestrichen.

Baureihe 323, 324

Auch die DB AG konnte zunächst nicht auf die Dienste der bewährten Kleinloks der sogenannten Leistungsgruppe II (mehr als 40 PS Leistung) verzichten, die in den 1930er-Jahren eine Arbeitsgemeinschaft verschiedener Hersteller wie Deutz, Jung, Krauss-Maffei und einige andere Firmen, für den Rangierdienst entwickelt hatten. Die Fahrzeuge sollten im Aufbau mit Endführerraum und schmalem Vorbau sowie der Ausstattung möglichst standardisiert sein. Nur bei den Motoren sah man einen Leistungsbereich zwischen 35 und 60 kW vor und erprobte verschiedene Formen der Leistungsübertragung. 1937 beschränkte die DRG die Anzahl der Motoren auf zwei austauschbare Typen. Bis zum Jahr 1944 stellten verschiedene Firmen rund 1.300 Kleinloks der Leistungsgruppe II her.

Die Deutsche Bundesbahn besaß nach Kriegsende über 400 verschiedene Fahrzeuge der Leistungsgruppe II und ließ von 1948 bis 1965 insgesamt 736 Loks nachbauen, die alle mit einer Druckluftbremse, einem Strömungsgetriebe und einem Dieselmotor ausgerüstet waren.

Baureihe	323, 324
Radsatzanordnung	B
V_{max} (km/h)	45
Leistung (PS)	118–128
Kraftübertragung	hydraulisch
Dienstmasse (t)	16,0–17,0
Radsatzfahrmasse (t)	8,0
Länge über Puffer (mm)	6.452
Raddurchmesser (mm)	850
Indienststellung	1933–1965

Ab 1. Januar 1968 erfolgte die Eingruppierung in drei Baureihen: Baureihe 321 (mechanische Bremse, V_{max} 30 km/h), Baureihe 322 (Druckluftbremse, V_{max} 30 km/h), Baureihe 323/324 (Druckluftbremse, V_{max} 45 km/h). Die Reihe 321 verschwand bis 1974 von den DB-Gleisen, die Baureihe 322 bis 1987. Die Baureihen 323/324 gelangte noch zur DB AG: Als letztes Exemplar der Baureihe 324 wurde 324 052 Ende 1995 ausgemustert, und mit der Ausmusterung von 323 460 als letzte Köf II endete 1999 diese Ära.

Baureihe 331, 332, 333, 335

Zum 1. Januar 1994 übernahm die DB AG 550 Kleinloks der Leistungsgruppe III. Ihre Entwicklung begann 1958 und 1959/1960 lieferte Gmeinder die ersten acht Lokomotiven. Drei Maschinen (Köf 10 001–002 und 11 001) besaßen einen 240-PS-Motor der Motorenwerke Mannheim (MWM), die übrigen fünf einen 232-PS-Motor von Kaelble. Die Leistungsübertragung erfolgte vom Motor über Gelenkwellen auf ein hydraulisches Getriebe und weiter über Rollenketten auf die Radsätze. Nach Abschluss der Erprobung entschloss sich die DB zur Weiterbeschaffung der Köf 11 mit dem stärkeren Motor, von der 1962 bis 1966 Köf 11 006–317 geliefert wurden.

1965 präsentierte Gmeinder eine überarbeitete Variante, bei der die Kraftübertragung zwischen dem Strömungsgetriebe und den Radsätzen durch Gelenkwellen erfolgte. Sie wurde im Mai 1967 nach ausgiebiger Erprobung von der DB als Köf 12 001 übernommen und in Serie nachgebaut. Ab 1968 fuhren die Loks als Baureihen 331 (Köf 10), 332 (Köf 11) und 333 (Köf 12). Am Ende der Beschaffung besaß

Baureihe	331	332	333/335
Radsatzanordnung	B	B	B
Kraftübertragung	Kette hydr.	Kette hydr.	Gelenkwelle
V_{max} (km/h)	30	45	45
Leistung (kW)	177	177	177
Dienstmasse (t)	20,3	20,3	24,2
Radsatzfahrmasse (t)	10,2	10,2	12,1
Länge über Puffer (mm)	7.830	7.830	7.830
Raddurchmesser (mm)	950	950	950
Indienststellung	1959	1959–1966	1965–1978

die DB 571 Exemplare der Köf III. Anfang der 1980er-Jahre hob man durch einen Umbau des Getriebes die Höchstgeschwindigkeit der 331 001–003 auf 45 km/h an.
Die Maschinen der Baureihe 332 schieden bis 2002 vollständig aus. 220 Exemplare der Baureihe 333 erhielten zwischen 1984 und 1995 eine Funkfernsteuerung und eine halb-

automatische Rangierkupplung; man zeichnete sie in Baureihe 335 um. 2001 wurde bei einigen 335 die Funkfernsteuerung wieder stillgelegt. Sie erhielten ihre alte Baureihenbezeichnung 333 zurück. Die Ordnungsnummern wurden zur Unterscheidung um 500 erhöht (333^{5-7}). Derzeit sind nur noch wenige Exemplare der Baureihe 333/335 im Einsatz.

Baureihe 344, 345, 346, 347

Die DB AG übernahm von der DR auch einige Exemplare der ehemaligen Baureihe V 60^{10}, seit 1992 eingereiht als BR 346^{0-1}. Die V 60^{10} hatte bei der DR den Traktionswechsel im mittleren und schweren Rangierdienst eingeleitet. Nach mehrjährigen Vorarbeiten und umfangreichen Erprobungen begann die Serienfertigung der V 60^{10} im Sommer 1961 beim LKM Babelsberg. Mit V 60 1010 stellte die DR Mitte Januar 1962 die erste Maschine der Serie in Dienst. Rund zwei Jahre später, Ende Mai 1964, übernahm die DR mit V 60 1170 das letzte Exemplar der Baureihe. Damit kam die Produktion der V 60^{10} zum Abschluss, nicht aber der Bau von Rangierlokomotiven: Die DR beschaffte jetzt die Baureihe V 60^{12}, die man aus der V 60^{10} abgeleitet hatte. Sie besaß u.a. ein neu gestaltetes Führerhaus sowie einen Übertourungsschutz und eine mechanische Umstellung des Stufengetriebes. Die ersten Serienloks verließen den LEW Hennigsdorf im Herbst 1964. Ab 1970 wurden

die Maschinen in die Baureihe 106^2 umgezeichnet. Als die DR im Herbst 1975 106 999 abgenommen hatte, reihte sie die folgenden Maschinen als Baureihe 105 ein. Mit 105 165 übernahm die DR im Dezember 1982 ihr letztes Exemplar dieser Baureihe. LEW Hennigsdorf produzierte die Type noch weiter bis 1984 und lieferte sei an Kunden im In- und Ausland. 1986 ließ die DR für den Rangierdienst im Fährhafen Mukran 14 Maschinen auf 1.520 mm Spurweite (russische Breitspur) umbauen. Für diesen Zweck änderte man Radsätze, Blindwellen und Bremsgestänge.
Der Einbau eines 365 kW gedrosselten Motors sowie eines geänderten Strömungsgetriebes sorgte schließlich für einen niedrigeren Kraftstoffverbrauch bei einigen Loks der Baureihe $105/106^{2-9}$. Die zwischen 1989 und 1992 so umgebauten 80 Maschinen zeichnete man unter Beibehaltung ihrer Ordnungsnummer zur Baureihe 104 um.

■ 68

Die V 60^{10} (ab 1970: BR 106$^{0-1}$) war nicht nur im Rangierdienst aktiv, sondern bewährte sich auch im leichten Güterverkehr sowie vor Bau- und Arbeitszügen. Erste Exemplare musterte die DR schon in den 1980er-Jahren aus.

Als DB und DR 1992 einheitliche Baureihennummern einführten, wurde aus der Baureihe 105/106$^{2-9}$ die 345/346 und aus der Baureihe 104 die 344. Die Breitspurloks reihte man als Baureihe 347 ein. Zu dieser Zeit zählten noch 136 Loks der Baureihe 346$^{0-1}$ zum Bestand. Dieser verkleinerte sich bis 1995 auf 41 Exemplare. Als letzte Repräsentantin dieser Baureihe wurde die ehemalige V 60 1100 Anfang des Jahres 1997 ausgemustert.

Die Lokomotiven der ehemaligen Baureihe V 60^{12} der Deutschen Reichsbahn gehörten rund zehn Jahre – von 1994 bis 2004 – zum Bestand der DB AG.

In der zweiten Hälfte der 1990er-Jahre begann die Ausmusterung der ehemaligen V 60^{12}. Anfang 2004 musterte die DB AG die letzten Exemplare aus. Heute sind noch zahlreiche Maschinen in unterschiedlichen Lackierungen bei privaten EVU unterwegs.

Baureihe ab 1992	346$^{0-1}$	344	345/346	347
Baureihe bis 1992	106$^{0-1}$	104	105/106$^{2-9}$	-
Radsatzanordnung	D	D	D	D
V$_{max}$ (km/h)	60	44	60	60
Leistung (kW)	478	365	478	478
Kraftübertragung	hydr.	hydr.	hydr.	hydr.
Dienstmasse (t)	53,0	55,2	58,0	58,0
Radsatzfahrmasse(t)	13,2	13,8	14,5	14,5
Länge über Puffer (mm)	10.800	10.800	10.800	10.800
Raddurchmesser (mm)	1.100	1.100	1.100	1.100
Indienststellung	1959–1964	1991	1964–1982	1985–1986

Baureihe 360, 361, 362, 363, 364, 365

Bei der DB bestand Anfang der 1950er-Jahre Bedarf nach einer modernen Rangierdiesellok, die diverse Dampflokbaureihen – teilweise noch aus der Länderbahnzeit – in diesen Diensten ersetzen sollten.

Die »Arbeitsgemeinschaft für die Entwicklung der V-60-Dieselokomotive der Deutschen Bundesbahn« erstellte ein Lastenheft. 1955/56 lieferte die Industrie mit V 60 001 bis 004 die ersten vier Vorserienloks, die alle an die gestellten Anforderungen erfüllten.

Das Konzept orientierte sich an der Baureihe V 36: Antrieb dreier Kuppelradsätze mittels Blindwelle und Kuppelstangen. Ein hoch liegender Mittelführerstand ermöglichte die Bedienung durch einen Lokführer. Die Größe der Vorbauten erlaubte dem Lokführer den uneingeschränkten Blick auf die Puffer; Rangiertritte und -bühnen ermöglichten die Mitfahrt des Personals. Die neue Rangierlok sollte einen Bo-

genradius von 100 Metern problemlos durchfahren und in Doppeltraktion verkehren können. Eine Vorwärmanlage garantierte die schnelle Verfügbarkeit auch bei tiefen Temperaturen. Der Motor sitzt unter dem längeren Vorbau, während der kürzere der Aufnahme des Kraftstoff- und des Hauptluftbehälters dient. Für Leistungsübertragung sorgt ein hydrodynamisches Voith-Getriebe des Typs L37zUB. Der Rahmen ist vollständig geschweißt. Zwischen dem zweiten und dritten Radsatz befindet sich die Blindwelle, welche über Kuppelstangen die Radsätze antreibt. Zur besseren Kurvenläufigkeit ist der mittlere Radsatz um 30 mm seitenverschiebbar.

Insgesamt 942 Maschinen der Baureihe V 60 lieferten die deutschen Lokomotivfabriken bis 1961 in einer schweren und in einer leichten Version. Die neuen EDV-Nummern von 1968 sorgten für die Unterscheidung zwischen der

■ 70

leichten 260 und der schweren 261. Für mehr Gewicht sorgen vor allem die dickeren Rahmenwangen und Deckbleche der 261. Zum 1. Oktober 1987 reihte die DB die Maschinen als Kleinloks ein, die Baureihenbezeichnung änderte sich in 360 und 361. Durch die Ausrüstung vieler

Baureihe	360/364	361/365	362	363
Radsatzanordnung	C	C	C	C
V_{max} (km/h)	60	60	60	60
Leistung (kW)	478	478	480	480
Kraftübertragung	hydr.	hydr.	hydr.	hydr.
Dienstmasse (t)	48 – 49	53	48 – 49	53
Radsatzfahrmasse (t)	16,1	18,0	16,1	18,0
Länge über Puffer (mm)	10.450	10.450	10.450	10.450
Treibraddurchmesser (mm)	1.250	1.250	1.250	1.250
Indienststellung	1955–1961	1955–1961	2000–	1998–

Lokomotiven mit Funkfernsteuerung Ende der 1980er- und Anfang der 1990er-Jahre wurde aus der Baureihe 360 die neue Baureihe 364, aus der Baureihe 361 die Baureihe 365. Der Einbau von Caterpillar-Dieselmotoren mit 480 kW Leistung in die funkferngesteuerten V 60er ließ ab 1998 nochmals zwei neue Baureihen entstehen. Aus der Baureihe 364 wurde

nach dem Umbau die 362, analog zeichnete man die 365 in 363 um. Noch immer sind die verkehrsroten Lokomotiven der ehemaligen Baureihe V 60 bei der DB im Einsatz, einige bereits seit mehr als einem halben Jahrhundert. Viele von ihnen hat es aber auch inzwischen zu privaten EVU verschlagen, wo sie ihre Arbeit in unterschiedlichsten Outfits verrichten.

Baureihe 399

Die Wangerooger Inselbahn – einzige Schmalspurbahn der DB AG – erhielt 1952 mit der V 11 901 ihre erste Diesellok. Ein 130-PS-Motor trieb über ein Flüssigkeitsgetriebe, Blindwelle und Kuppelstangen drei Treibachsen an. 1957 folgten zwei weitere Loks als V 11 902–903 mit gleicher Technik aber anderer Gestaltung. Hersteller war wie schon zuvor die Firma Gmeinder. Zu Beginn der 1960er-Jahre erhielten die Loks die neuen Betriebsnummern Köf 99 501–503 (ab 1968: 329 501–503). Anfang der 1970er-Jahre übernahm die DB von der Inselbahn Juist die zweiachsige Lok »Heinrich« (KHD 1952) und gab ihr die Betriebsnummer 329 504. Ab 1992 trugen die vier Loks die Nummern 399 101–104. Weil die Lokomotiven 399 101–104 keine Druckluftbremse haben, wurden sie am

13. Mai 2001 ausgemustert und an einen privaten Eigentümer verkauft.
Ebenfalls 1992 kaufte die DB von der Mansfeld Transport GmbH zwei Dieselloks vom Typ L18H-C, die 1990 von der rumänischen Lokfabrik Faur »23. August« in Bukarest hergestellt worden waren. Die umgebauten Loks reihte man als 399 105–106 ein. Die dreiachsigen Maschinen haben einen Antrieb über Kuppelstangen. Sie sind zwar noch im Bestand, werden aber wegen ihrer geringen Leistung nur noch vor Güter- und Bedarfszügen eingesetzt.
1999 lieferte die Lokfabrik Schöttler (SCHÖMA) aus Diepholz zwei zweiachsige Dieselloks des Typs CFL150DCL an die Deutsche Bahn AG, die ihnen die Betriebsnummer 399 107–108 gab. Als Schutz gegen das Meeresklima fer-

Baureihe	399 101–103	399 104	399 105–106	399 107–108
Radsatzanordnung	C	B	C	B
V_{max} (km/h)	20	20	20	20
Leistung (kW)	96	88	132	166
Kraftübertragung	hydr.	hydr.	hydr	hydr.
Dienstmasse (t)	16,5	13	16,6	16
Radsatzfahrmasse (t)	5,5	6,5	5,5	5,5
Länge über Puffer (mm)	5.566	6.090	5.400	6.597
Raddurchmesser (mm)	700	820	770	
Indienststellung:	1952–1957	1952	1990 (U 1992)	1999

tigte man die Aufbauten der Fahrzeuge aus Nirosta-Stahlblechen. Angetrieben werden sie von einem 166 kW-starken Dieselmotor von KHD mittels Gelenkwellen. 399 107 besitzt eine Funkfernsteuerung.

Baureihe 401

1991 nahm die Deutsche Bundesbahn (DB) den planmäßigen Verkehr auf den Schnellfahrstrecken Hannover–Würzburg und Mannheim–Stuttgart auf. Für ihren neuen Hochgeschwindigkeitsverkehr beschaffte sie zwischen 1989 und 1992 die erste Generation der InterCity-Express-Züge (ICE 1). Die elektrischen Triebzüge setzen sich aus zwei Triebköpfen der Baureihe 401 und bis zu 14 Mittelwagen der Baureihen 801 (1.-Klasse-Mittelwagen), 802 (2.-Klasse-Mittelwagen), 803 (1.-Klasse-Servicewagen) und 804 (Speisewagen) zusammen. Insgesamt lieferten die Hersteller 122 Triebköpfe mit je vier Drehstrom-Asynchronmotoren und 723 Mittelwagen. Planmäßig sollten 60 Zuggarnituren gebildet werden, zwei Triebköpfe dienten als Reserve. Die ersten 40 Triebköpfe (401 001–020 und 501–520) haben normale Thyristoren mit Ölkühlung, in die anderen Exemplare (ab 401 051 und 551) baute man Stromrichter mit abschaltbaren GTO-Thyristoren in FCKW-freier Siedebadkühlung ein.
Einige Züge haben für den Einsatz in der Schweiz einen zweiten Stromabnehmer mit schmalerem Schleifstück für die dortige Oberleitung.

Baureihe	401
Radsatzanordnung	Bo'Bo'+2'2'+...+2'2+Bo'Bo'
Stromsystem	15 kV/16,7 Hz ~
V_{max} (km/h)	280
Leistung (kW)	2 x 4.800
Dienstmasse (t)*	80/78**
Radsatzfahrmasse (t)	20,0
Länge über Kupplung (mm) (vierzehnteilig)	357.920
Raddurchmesser (mm)	1.000
Sitzplätze (vierzehnteilig)	645 + 40***
Indienststellung	1990–1992
*nur Triebköpfe	
** ab 401 051/551	
*** Speisewagen	

1998 ging durch das Zugunglück von Eschede fast ein kompletter Zug verloren. In den Jahren 2005 bis 2008 durchliefen die Züge ein sogenanntes Redesign-Programm, in dem sie technisch modernisiert und die Inneneinrichtung an den Standard der ICE-3-Züge angepasst wurde. Heute werden sie von Hamburg-Eidelstedt aus in nahezu ganz Deutschland im hochwertigen Reiseverkehr eingesetzt.

Baureihe 402, 410¹

Beim Einsatz der ICE-1-Züge zeigte sich, dass man mit den fest gekuppelten Garnituren nur schwer auf Schwankungen der Fahrgastzahlen reagieren konnte. Die Züge waren beispielsweise in Tagesrandlagen nur schwach ausgelastet und wären damit für ICE-Routen, die zu diesem Zeitpunkt neu geplant wurden, zu groß gewesen.

Dies führte zu der Idee, den Nachfolger des ICE-1 in zwei kuppelbare Hälften aufzuteilen. Im Dezember 1993 bestellte die DB 44 ICE-2-Züge, zwei Reserve-Triebköpfe und einen weiteren Steuerwagen. Die Triebköpfe kamen von Siemens in Essen (früher Krupp), Krauss-Maffei und ABB in Kassel (früher Henschel). Für die 1.-Klasse-Mittelwagen zeichneten AEG in Nürnberg und DWA in Ammendorf verantwortlich. Den Bau der 2.-Klasse-Wagen teilten sich Duewag in Krefeld-Uerdingen und LHB in Salzgitter. LHB lieferte auch die Speisewagen. Die Steuerwagen schließlich lieferte AEG.

Baureihe	402	410¹
Radsatzanordnung	Bo'Bo'+7 x 2'2'	Bo'Bo'
Stromsystem	15 kV/16,7 Hz ~	15 kV/16,7 Hz ~
V_{max} (km/h)	280	350
Leistung (kW)	4.800	4.800
Dienstmasse (t)	418	78
Radsatzfahrmasse (t)	19,5	19,5
Länge über Kupplung (mm)	205.360	20.560
Raddurchmesser (mm)	1.000	1.000
Sitzplätze (siebenteilig)	381	-
Indienststellung	1995–1997	1996

Auf den Triebkopf der Baureihe 402 folgen sechs Mittelwagen: Zwei Wagen 1. Klasse der Baureihe 805, ein Bistro-Wagen der Baureihe 807 und drei Wagen 2. Klasse der Baureihe 806. Statt eines weiteren Triebkopfs wurde nun ein antriebsloser Steuerwagen der Baureihe 808 eingereiht, dessen Kopfform samt Führerstand dem Triebkopf entspricht.

Der ICE-2 lässt sich bei geringem Sitzplatzbedarf einzeln als Halbzug einsetzen, außerdem

können damit Flügelzüge gebildet werden, die für die Verbindungen von Westdeutschland nach Berlin schon vorgesehen waren.

Die Triebköpfe entsprechen weitgehend denen des ICE 1. Lediglich die zweiteilige Bugklappe mit der automatischen Scharfenberg-Kupplung und die dadurch etwas höher angeordneten Stirnlampen unterscheiden sie äußerlich von ihren Vorgängern.

Im Unterschied zum ICE 1 laufen die Mittelwagen auf luftgefederten Drehgestellen vom Typ SGP 400. Ansonsten entsprechen auch sie den Vorgängern im ICE 1. Die Großräume wurden mit leichteren Sitzen ausgestattet, um Gewicht zu sparen. Der Bistrobereich des Speisewagens wurde kleiner, weil der Wagen zusätzlich das Serviceabteil aufnehmen muss.

Jeder Halbzug hat nur einen Stromabnehmer der Bauart DSA 350 SEK angepasst. Gegenüber dem ICE 1 wurde das Antriebssteuergerät SIBAS 32 weiterentwickelt.

Als Erprobungsträger für das Antriebskonzept des ICE 3 baute man 1997 zwei ICE-2-Triebköpfe zum Versuchszug um und stellte sie für Messfahrten als 410 101 und 102 in Dienst. Die angetriebenen Mess-Mittelwagen 410 201, 202 und 203 sowie der antriebslose Mittelwagen 410 801 sind Eigentum der Arbeitsgemeinschaft Siemens/Bombardier (vormals ADtranz). Wegen seiner hohen Leistung erreicht der ICE-S mühelos eine Spitzengeschwindigkeit von 400 km/h.

Die Triebköpfe haben neue Hochgeschwindigkeits-Stromabnehmer. Die Stromabnehmer auf dem Mittelwagen 2 sind nicht angeschlossen. Ihre Schleifstücke eignen sich für den Einsatz im französischen, niederländischen und belgischen Netz, außerdem können sie mit Kameras und Sensoren beobachtet werden.

Seit Mitte 2006 besteht der Zug, der DB-Systemtechnik Minden gehört, nur noch aus den beiden Triebköpfen und dem Mittelwagen 810 101.

Baureihe 403, 406

Der Bau der Schnellfahrstrecke Rhein/Main–Köln mit ihren starken Steigungen und einer Höchstgeschwindigkeit 300 km/h erforderte neue ICE-Züge. Deshalb orderte die DB AG bereits 1994 vom ICE 3 insgesamt 37 Einsystemzüge der Baureihe 403 und 13 Viersystemzüge der Baureihe 406. Außerdem bestellten die Nederlandse Spoorwegen vier Triebzüge der Baureihe 406. Beim Antrieb

Baureihe	403	406
Radsatzanordnung	Bo'Bo'+2'2'+Bo'Bo'+2'2'+2'2'+Bo'Bo'+2'2'+Bo'Bo'	
Stromsystem	15 kV/16,7 Hz ~	15 kV/16,7 Hz ~, 25 kV/50 Hz ~; 1,5 kV=; 3 kV=
V_{max} (km/h)	330	330/220*
Leistung (kW)	8.000	8.000**
Dienstmasse (t)	409	435)
Radsatzfahrmasse (t)	17,0	17,0
Länge über Kupplung (mm)	200	320
Raddurchmesser (mm)	920	920
Sitzplätze	415	404
Indienststellung	1999–2002	
* unter Gleichspannung		
** 4.300 kW bei 3 kV=, 3.600 kW bei 1,5 kV=		

der achtteiligen Einheiten der neuen Gattung entschied man sich gegen das Triebkopfkonzept der ersten ICE-Züge: Dem angetriebenen Endwagen mit Stromrichter (403^0 und 403^5) schließt sich ein antriebsloser Trafo-Mittelwagen mit dem DB-Stromabnehmer (403^1 und 403^6) an, diesem folgt ein angetriebener Mittelwagen mit Stromrichter (403^2 und 403^7) sowie ein antriebsloser Mittelwagen (403^3 und 403^8) mit Batterie und Ladegerät. Diese Reihung setzt sich spiegelbildlich bis zum nächsten Endwagen fort.

Der erste ICE 3 wurde im Sommer 1999 präsentiert; bis zum Spätsommer 2001 nahm die DB AG die Triebzüge ab. Seit Herbst 2002

rollen sie planmäßig über die Neubaustrecke Rhein/Main–Köln. Anfang 2005 folgte die zweite Bauserie, die die DB AG als 403 051 bis 063 einreihte. Nachdem sie eine Zulassung für Frankreich erhalten haben, rollt die Baureihe 406 seit Mitte Juni 2007 auch zwischen Frankfurt und Paris.

Im Sommer 2008 geriet der ICE 3 in die Schlagzeilen, als in Köln ein Zug wegen einer gebrochenen Radsatzwelle entgleiste. Zur Sicherheit wurden die Wartungsintervalle für die Achsen stark verkürzt und neue Radsatzwellen eingebaut. Besonderen Wert legte die DB AG auf das Design der strömungstechnisch optimierten Frontpartie.

Baureihe 407

Nach Spanien, China und Russland beschafft die DB AG ab 2012 ebenfalls Züge aus der von Siemens Rail Systems angebotenen »Velaro«-Plattform. Sie bestellt zunächst 15 Mehrsystemzüge und bezeichnete sie als Baureihe 407.

Die Wagenkästen aus Aluminium sind nach den aktuellen Richtlinien der »Technische Spezifikationen für die Interoperabilität« (TSI) konstruiert. Anders als bei den bisherigen ICE-Zügen öffnen sich die Bugklappen nicht zu den Seiten hin, sondern nach oben und unten.

Die Drehgestelle des Typs SF 500 wurden überarbeitet und mit neuen Radsatzwellen sowie einem Fahrwerküberwachungs- und -diagnosesystemen ausgerüstet. Generatorische Bremsen, Wirbelstrombremsen und pneumatische Scheibenbremsen sorgen für eine ausreichende Verzögerung.

In dem achtteiligen Triebzug werden der erste, dritte, sechste und achte Wagen angetrieben. Die Züge sind zum Befahren von Steigungen bis zu 40 ‰ ausgelegt.

Hinter dem Führerraum sind die Steuerungs- und Zugbeeinflussungstechnik zusammengefasst. Das Train Communication Network (TCN) besteht aus dem Zugbus (WTB) und dem Fahrzeugbus (MVB). Es sorgt für den Datenaustausch zwischen den einzelnen Wagen eines Zugs sowie zwischen zwei gekuppelten Zügen. Ein erster, nur aus drei Wagen bestehender Zug wurde 2010 auf der InnoTrans in Berlin vorgestellt. Anfang Januar 2011 stand ein kompletter Zug für Messfahrten zur Verfügung. Wegen Problemen mit der Software verzögerten sich die Zulassungsfahrten bis Mitte 2012. Danach bekamen die ersten Züge eine Zulassung, aber nur für Einfachtraktion. Erst Ende 2013 genehmigte das Eisenbahnbundesamt (EBA) auch den Einsatz in Mehrfachtraktion, in der die Züge inzwischen auch eingesetzt werden.

Baureihe	407
Radsatzanordnung	Bo'Bo'+2'2'+Bo'Bo'+2'2'*
Stromsystem	15 kV/16,7 Hz ~, 25 kV/50 Hz ~, 3 kV =, 15, kV =
V_{max} (km/h)	320/220**
Leistung (kW)	8.000/4.200**
Dienstmasse (t)	454
Radsatzfahrmasse (t)	17,0
Länge über Kupplung (mm)	200,72
Raddurchmesser (mm)	
Sitzplätze	444 + 16***
Indienststellung	2009–
*Halbzug	
** unter Gleichspannung	
*** Bistro	

Baureihe 410⁰

1982 begannen die Arbeiten zur Entwicklung und Projektierung des ICE-V. Die Schwerpunkte lagen auf dem mechanischen Teil, der elektrischen Ausrüstung und der Messtechnik zur Datenerfassung bei Hochgeschwindigkeitsfahrten.

Während die Triebköpfe von einem Konsortium verschiedener Hersteller (mechanischer Teil: Henschel, Krauss-Maffei und Krupp; elektrischer Teil: AEG, BBC und Siemens) gefertigt wurden, stammen die drei Mittelwagen alle von MBB in Donauwörth. Anfang 1984 begann bei Krupp in Essen der Bau der Triebköpfe. Im August 1985 konnte die DB den vollständigen Zug, bestehend aus zwei Triebköpfe und drei Mittelwagen, in Betrieb nehmen.

Das Fahrzeug sollte planmäßig 250 km/h erreichen. Bei Versuchsfahrten wurde aber bis zu 350 km/h schnell gefahren. Für einen möglichst geringen Energieverbrauch legte man besonderen Wert auf die aerodynamische Gestaltung. Die beiden Mittelwagen 810 001 und 002 dienten als Demonstrationswagen für die mögliche Inneneinrichtung, im Wagen 810 003 hatten die Messinstrumente ihren Platz. Zahlreiche Versuchs-, Erprobungs- und

Baureihe	410⁰
Radsatzanordnung	Bo'Bo'+2'2'+2'2'+2'2'+Bo'Bo'
Stromsystem	15 kV/16,7 Hz ~
V_{max} (km/h)	350
Leistung (kW)	7.280
Dienstmasse (t)	299
Radsatzfahrmasse (t)	20,0
Länge über Kupplung (mm)	114.640
Raddurchmesser (mm)	1.000
Sitzplätze	87
Indienststellung	1985

Demonstrationsfahrten machten den Zug deutschlandweit bekannt. Mit 406,9 km/h stellten die beiden Triebköpfe mit zwei Mittelwagen am 1. Mai 1988 einen zeitweiligen Weltrekord für Schienenfahrzeuge auf. Bis 1998 diente der Zug als Erprobungsträger, dann wurde er abgestellt; seine Aufgaben übernahm der ICE-S. Seit einigen Jahren steht der Triebkopf 410 001 mit einem Mittelwagen als Denkmal im Forschungs- und Technologiezentrum Minden. 410 002 hat dagegen im Verkehrszentrum des Deutschen Museums einen Platz gefunden. Die beiden anderen Mittelwagen wurden zerlegt.

Baureihe 411, 415

1994 orderte die DB AG zur Beschleunigung des Fernverkehrs auf Ausbaustrecken 32 siebenteilige Züge als Baureihe 411 und elf fünfteilige als Baureihe 415, die in den Jahren 1999 und 2000 in Dienst gestellt wurden. Eine 2. Bauserie von 28 Einheiten der Baureihe 411 wurde 2004/2005 ausgeliefert. Alle Triebzüge sind mit Neigetechnik ausgerüstet, die ihnen das bogenschnelle Fahren ermöglicht. Ursprünglich ICT genannt, bezeichnet man sie heute als ICE-T. Für den Antrieb wählte man ein ähnliches Konzept wie beim ICE 3

Baureihe	411	415
Radsatzanordnung	2'2'+(1A)(A1)+(1A)(A1)+2'2'+(1A)(A1)+(1A)(A1)+2'2'	2'2'+(1A)(A1)+(1A)(A1)+(1A)(A1)+2'2'
Stromsystem	15 kV/16,7 Hz ~	15 kV/16,7 Hz ~
V_{max} (km/h)	230	230
Leistung (kW)	4.000	3.000
Dienstmasse (t)	368	273
Radsatzfahrmasse (t)	15,5	15,5
Länge über Kupplung (mm)	184.400	132.600
Raddurchmesser (mm)	890	890
Sitzplätze	357 + 24*	250
Indienststellung	1998–2006	1998–2000
* Restaurant		

(Baureihe 403): Die beiden antriebslosen Steuerwagen (411^0, 411^5, 415^0 und 415^5) dienen als Trafowagen; die Transformatoren sind unter dem Wagenboden angebracht. Zwei angetriebene Mittelwagen (411^1, 411^6, 415^1 und 415^6) übernehmen die Funktion als Stromrichterwagen. Bei der Baureihe 411 folgen zwei weitere angetrieben Mittelwagen (411^2 und 411^7), bei der fünfteiligen Baureihe 415 ist nur noch ein Wagen in der Mitte eingereiht (415^7). In der Mitte des siebenteiligen 411 läuft ein antriebloser Mittelwagen (411^8). Alle

Triebzüge sind mit dem hydraulisch arbeitenden Neigesystem von FIAT ausgerüstet, das die Wagenkästen bei Kurvenfahrt um bis zu 8° nach beiden Seiten neigt.

Ähnlich wie beim ICE 3 bereiten auch dem ICE-T die Radsatzwellen Probleme. 2008 wurden in vier Treibradsatzwellen Risse entdeckt, sodass die Wartungsintervalle stark verkürzt wurden und die Züge nur mit ausgeschalteter Neigetechnik verkehren durften. Inzwischen sind die Probleme behoben und die Züge wieder »bogenschnell«.

■80

Baureihe 420/421

Für das neue S-Bahn-Netz in München, das zur Olympiade 1972 eröffnet werden sollte, benötigte die DB Ende der 1960er-Jahre neue Triebwagen. 1969 lieferte die Bahnindustrie die drei Prototypen der Baureihe 420, die umfangreich erprobt wurden. Zum Start der Münchener S-Bahn 1972 standen 120 dreiteilige Triebzüge bereit, bestehend aus zwei angetriebenen Endwagen Baureihe 420 und dem ebenfalls motorisierten Mittelwagen Baureihe 421. Die Fahrzeuge besaßen eine Anfahrbeschleunigung von 1,0 m/s² und erreichten innerhalb von 44 Sekunden ihre Höchstgeschwindigkeit 120 km/h. Von Beginn an wurden alle Mittelwagen in Aluminium-Leichtbauweise hergestellt. Die Endwagen fertigte man bei den ersten Serien noch in Stahlbauweise, ab 420 131 ebenfalls in Aluminium. Dies sparte rund neun Tonnen Leergewicht ein. Ausgerüstet mit einer automatischen Scharfenbergkupplung können bis zu drei Einheiten gemeinsam verkehren. Bis 1997 wurden für die S-Bahn-Netze in München, Stuttgart, Frankfurt und im Ruhrgebiet insgesamt 480 Einheiten ausgeliefert.
2005 modernisierte das Werk Krefeld-Oppum die Triebzüge 420 400 und 416 im Rahmen

Baureihe	420/421
Radsatzanordnung	Bo'Bo'+Bo'Bo'+Bo'Bo'
Stromsystem	15 kV/16,7 Hz ~
V_{max} (km/h)	120
Leistung (kW)	2.400
Dienstmasse (t)	139,0*
Radsatzfahrmasse (t)	12,25
Länge über Kupplung (mm)	67.400
Raddurchmesser (mm)	850
Sitzplätze	194
Indienststellung	1969–1997
* 420 131–412: 129,0 t; ab 420 413: 135,0 t	

eines Redesign-Programms. Das Projekt »ET 420Plus« umfasste u.a. eine Umgestaltung des Innenraums, digitale Zugzielanzeiger (LCD), Klimaanlage, LED-Scheinwerfer und Rückleuchten sowie automatische Türschließvorrichtungen mit TAV (= technikbasiertes Abfertigungsverfahren, das den Zugbegleiter ersetzt). Das Redesign-Projekt wird aber nicht weiterverfolgt, weil sich DB AG inzwischen für den Ersatz der alten 420/421 durch die neue Triebzüge der Baureihe 430 entschieden hat.

Baureihe 422/432

Die vierteiligen Triebzüge der Baureihe 422 sind eine Weiterentwicklung der Baureihe 423. Die DB AG bestellte 2005 zunächst 84 Einheiten bei den Firmen Alstom LHB und Bombardier für den Einsatz im Rhein-/Ruhr-Gebiet. Wie bei der Baureihe 423 entschied man sich beim Laufwerk für zwei End-Drehgestelle und drei Jakobs-Drehgestelle, von denen das mittlere nicht angetrieben ist. Anders als beim 423 besitzt das antriebslose Jakobs-Drehgestell des 422 neben der Radscheibenbremse eine Magnetschienenbremse. Die Bremssteuerung wurde auf den aktuellen Stand der Technik gebracht. Aus Aluminiumprofilen sind die Wagenkästen in klassischer Leichtbauweise gefertigt. Ein neues Design erhielt die Fahrzeugfront, in deren Gestaltung die neusten Erkenntnisse aus der Unfallforschung einflossen. Die Triebzüge haben auf jeder Fahrzeugseite zwölf Schiebetüren, die aber breiter sind als bei der Vorgänger-Baureihe. Diese Änderung soll einen schnelleren Fahrgastwechsel gewährleisten. Die vollständige elektrische Ausrüstung hat auf dem Dach und unter dem Wagenboden Platz

Baureihe	422/432
Radsatzanordnung	Bo'Bo'2'Bo'Bo'
Stromsystem	15 kV/16,7 Hz ~
V_{max} (km/h)	140
Leistung (kW)	2.350
Dienstmasse (t)	112,0
Radsatzfahrmasse (t)	18,0
Länge über Kupplung (mm)	69.430
Raddurchmesser (mm)	850
Sitzplätze	192
Indienststellung	2008–2010

gefunden; damit ist ein durchgehend ebener Boden des Fahrgastraumes gewährleistet. Für den Antrieb sorgen Drehstrom-Asynchronmotoren, deren Leistung ein teilabgefederter Querantrieb mit zweistufigem Getriebe auf die Radsätze überträgt. Die Fahrzeuge sind außerdem mit der Fahrzeugsteuerung MITRAC aus dem Hause Bombardier und dem neuen System zur Zugbeeinflussung EBI Cab 500 PZB ausgerüstet. Seit November 2008 rollen die Triebzüge von Essen und Düsseldorf aus im Planbetrieb.

Baureihe 423/433, 424/434, 425/435, 426

Als Nachfolger für die bewährte Baureihe 420 entwickelte man die Baureihe
423, von der die DB AG zunächst eine
1. Serie von 190 Einheiten bei den
Firmen ADtranz (heute Bombardier) und
Alstom LHB bestellte. Dabei sollten die
Fahrzeuge die vorhandene Infrastruktur,
wie z.B. Bahnsteige und Werkstätten-
gleise, nutzen können. Die neuen Triebzüge verließen ab 1998 die Werkhallen.
Sie bestehen aus zwei Endwagen der
Baureihe 423 und zwei Mittelwagen der
Baureihe 433, die jeweils auf Jakobs-
Drehgestellen ruhen und somit betrieb-
lich nicht getrennt werden können. Die Wagenkästen in Aluminium-Leichtbauweise sind
durch Stirnübergänge miteinander verbunden,
sodass der komplette Triebzug durchgängig
begehbar ist. Pro Seite stehen den Reisenden
zwölf doppelflügelige Schiebetüren zur Verfügung, die einen schnellen Fahrgastwechsel ermöglichen. Die Führerräume sind durch eigene
Drehtüren zugänglich.
Die beiden End-Drehgestelle und die folgenden

Baureihe	423/433	424/434
Radsatzanordnung	Bo'Bo'2'Bo'Bo'	Bo'Bo'2'Bo'Bo'
Stromsystem	15 kV/16,7 Hz ~	15 kV/16,7 Hz ~
V_{max} (km/h)	140	140
Leistung (kW)	2.350	2.350
Dienstmasse (t)	105,0	108,0
Radsatzfahrmasse (t)	18,0	18,0
Länge über Kupplung (mm)	67.400	67.500
Raddurchmesser (mm)	850	850
Sitzplätze	192	206
Indienststellung	1998–2007	1998–2001

Jakobs-Drehgestelle sind angetrieben, das
mittlere Jakobs-Drehgestell dient als Laufdrehgestell. Acht Drehstrom-Asynchron-Fahrmotoren, die von GTO-Wechselrichtern gespeist
werden, treiben das Fahrzeug an und sorgen
für eine Beschleunigung von 1 m/s².
Ihre ersten Einsätze absolvierten die Triebwagen Ende 1999 auf dem S-Bahn-Netz Stuttgart
zwischen Herrenberg und Plochingen. Mittlerweile umfasst der Bestand über 450 Fahrzeuge, die in Düsseldorf, Frankfurt/Main Hbf,

Köln-Deutzerfeld, München-Steinhausen und Plochingen stationiert sind.

Zur Weltausstellung EXPO 2000 erhielt Hannover ein regionales S-Bahn-Netz. Der Einsatz der Baureihe 423/433 kam nicht in Frage, weil die Bahnsteige in der Region Hannover nicht alle die notwendige Höhe besaßen und der entsprechende Umbau zu teuer gewesen wäre. Deshalb entschied sich die DB AG für den Kauf der Baureihe 424/434, die sich von der Baureihe durch zwei wesentliche Merkmale unterscheidet: weniger Einstiegstüren (acht statt zwölf je Seite) und der geringeren Einstiegshöhe von 798 mm. Letztere ermöglicht noch den Einstieg von Bahnsteigen mit einer Höhe von 760 mm.

Ebenso wie die Baureihe 423/434 bestehen die Triebzüge der Baureihe 424/434 aus zwei Endtriebwagen (424) sowie zwei Mittel-wagen (434) mit zwei End-Drehgestellen und drei Jakobs-Drehgestellen, von denen das mittlere antriebslos ist. Der Aufbau der Wagenkästen gleicht dem der anderen Mitglieder der Fahrzeugfamilie, allerdings fallen sie mit 2.840 mm anstatt 3.020 mm schmaler aus als beim 423/433. An den Ausstiegen gibt es klappbare Trittstufen. Die elektrische Ausrüstung ist auf dem Dach und unter dem Fahrzeug untergebracht. Diverse technische Pannen und Probleme sorgten dafür, dass die Fahrzeuge zum Start der S-Bahn und damit auch zur Eröffnung der EXPO nicht einsatzbereit waren. Als Ersatz dienten Fahrzeuge der Baureihe 423. Erst ab Herbst 2000 liefen die ersten Fahrzeuge im Plandienst. Die 40 Triebzüge der Baureihe 424 sind in Hannover-Leinhausen beheimatet. Eine weitere Beschaffung der Baureihe 424/434 ist nicht vorgesehen.

Für den Regionalverkehr wurden die Triebwagen der Baureihe 425/435 konstruiert. Sie bestehen aus zwei Endwagen (Baureihe 425) und zwei Mittelwagen (Baureihe 435), die durch Jakobs-Drehgestelle miteinander verbunden sind. Die aus Aluminium-Strangpressprofilen gefertigten Wagenkästen sind durch Stirnübergänge verbunden, sodass der komplette Triebzug durchgängig begehbar ist. Die beiden End-Drehgestelle und die folgenden Jakobs-Drehgestelle sind angetrieben, das mittlere Jakobs-Drehgestell dient als Laufdrehgestell. Jeder Triebwagen besitzt auf jeder Fahrzeugseite acht Türen. Wegen des Einsatzes im Regionalverkehr beträgt die Höhe das Wagenbodens nur 798 mm, die festen Trittstufen an den Türen haben eine Höhe von 580 mm. Die Fahrzeuge eignen sich deshalb auch für den Einsatz in den S-Bahnnetzen Hannover und Rhein-Neckar mit Bahnsteighöhen von 760 mm und im schnellen Regionalverkehr mit Bahnsteighöhen von 380 und 550 mm.
In fünf Bauserien wurden 249 Triebzüge beschafft, die für die unterschiedlichen Einsatzzwecke verschiedene Modifikationen aufweisen und fast überall in Deutschland im Einsatz sind.

Baureihe	425/435	426
Radsatzanordnung	Bo'Bo'2'Bo'Bo'	Bo'2'Bo'
Stromsystem	15 kV/16,7 Hz ~	15 kV/16,7 Hz ~
V_{max} (km/h)	140/160*	160
Leistung (kW)	2.350	1.175
Dienstmasse (t)	108,0	60,9
Radsatzfahrmasse (t)	18,0	18,0
Länge über Kupplung (mm)	67.500	36.490
Raddurchmesser (mm)	850	850
Sitzplätze	206	100
Indienststellung	1999–2008	2000–2002
* mit LZB		

Die 43 zweiteiligen Fahrzeuge der Baureihe 426 sind eng mit der Baureihe 425 verwandt, bestehen aber nur aus zwei Endwagen. Sie wurden für den Verkehr auf Strecken mit einem geringeren Fahrgastaufkommen oder zur bedarfsgerechten Verstärkung beschafft. Der Aufbau der 426 entspricht dem der Baureihe 425 ohne Mittelwagen, mit der sie sich kuppeln lassen. Alle Triebwagen sind mit einer Klimaanlage ausgerüstet, besitzen ein kleines 1.-Klasse-Abteil und ein behindertengerechtes Vakuum-WC. Für den Bau zeichneten Bombardier und Siemens verantwortlich.

Baureihe 1428, 429

Stadler Pankow GmbH Berlin liefert ab 2014 ihre Triebwagen vom Typ »FLIRT EMU« an DB Regio.
Die in Leichtbauweise gefertigten Wagenkästen aus Aluminium stützen sich über Luftfederungen auf die zweiachsigen Drehgestelle ab, von denen die mittleren als antriebslose Jakobs-Drehgestelle mit kleineren Raddurchmessern von 760 mm nur ausgeführt sind.
Die elektrische Ausrüstung besteht aus je einem Transformator, einem IGBT Stromrichter und zwei Asynchron-Fahrmotoren. Sie ist doppelt vorhanden.
Die Kopfpartien der Triebwagen haben nach den Vorgaben der »Technischen Spezifikationen für die Interoperabilität« (TSI) Stoßverzehrelemente.
Der Niederflurbereich in der Mitte hat eine Einstiegshöhe von 780 mm über SO. Breite Doppelschiebetüren ermöglichen einen schnellen Fahrgastwechsel. Zwei elektrisch angetriebene Schiebetritte überbrücken den Spalt zwischen Fahrzeug und Bahnsteigkante.
Die Fahrtgasträume sind voll klimatisiert. Eine Toilette ist behindertengerecht ausgeführt, die

Baureihe	1428	429
Radsatzanordnung	Bo'2'2'2'Bo'	Bo'2'2'2'2'Bo'
Stromsystem	15 kV/16,7 Hz ~	15 kV/16,7 Hz ~
V_{max} (km/h)	160	160
Leistung (kW)	2.000	2.000
Dienstmasse (t)	133,0	156,0
Radsatzfahrmasse (t)	20,0	20,0
Länge über Kupplung (mm)	74.700	90.800
Raddurchmesser (mm)	920	920
Sitzplätze	224	270
Indienststellung	2014– …	2014– …

übrigen nicht. Über ein Fahrgastinformationssystem bekommen Reisende Informationen über Haltestellen und den Zuglauf.
Bisher wurden 14 vierteilige Züge von DB Regio NRW bestellt, die als Baureihe 1428 eingereiht werden. Sie sind für die Verbindung Münster–Essen–Mönchengladbach vorgesehen. 28 Exemplare der fünfteiligen Version wurde von DB Regio Rheinland-Pfalz bestellt. Sie sind abweichend von der Regel weiß lackiert und für den Einsatz Regional-Express-Linien in Rheinland-Pfalz gedacht. Diese als Baureihe 429 bezeichneten Fahrzeuge haben 270 Sitzplätze.

Baureihe 429

Für den »Hanse-Express« auf der Verbindung Rostock–Stralsund–Sassnitz/Ostseebad Binz (RE-Linie 9) orderte die DB AG Anfang 2006 bei der Firma Stadler fünf Triebwagen vom Typ FLIRT (Flinker Leichter Innovativer Regional Triebzug). Die fünfteiligen Fahrzeuge sind seit dem 9. Dezember 2007 im täglichen Einsatz. Sie wurden zunächst als Baureihe 427 eingeordnet, später dann aber in die Baureihe 429 umgezeichnet.

Den Flirt entwickelte Stadler ursprünglich für die Schweizerischen Bundesbahnen SBB, verkaufte das Fahrzeug aber auch sehr erfolgreich im Ausland, u.a. an verschiedene deutsche Privatbahnen: Rund 550 Einheiten wurden mittlerweile ausgeliefert.

Obwohl lediglich die End-Drehgestelle angetrieben sind, erreicht die Baureihe 429 aufgrund ihrer großen Antriebsleistung eine Höchstgeschwindigkeit von 160 km/h. An den Übergängen ruhen die Fahrzeugteile auf Jakobs-Laufdrehgestellen, sodass die Triebzüge durchgängig begehbar sind und einen Niederfluranteil von 90 % besitzen. Alle Drehgestelle sind luftgefedert. Da die vollklimatisierten Fahr-

Baureihe	429
Radsatzanordnung	Bo'2'2'2'2'Bo'
Stromsystem	15 kV/16,7 Hz ~
V_{max} (km/h)	160
Leistung (kW)	2.600
Dienstmasse (t)	145,0
Radsatzfahrmasse (t)	20,0
Länge über Kupplung (mm)	90.378
Raddurchmesser (mm)	860
Sitzplätze	241
Indienststellung	2007

zeuge im Regionalverkehr eingesetzt werden, verfügen sie nur über fünf Türen auf jeder Seite. Wie heutzutage üblich entstanden die Wagenkästen aus Aluminium-Strangpressprofilen und die Fahrzeugfront aus GFK. Die Antriebsausrüstung ist redundant ausgeführt und besteht aus vier Antriebssträngen mit wassergekühlten IGBT-Stromrichtern. Die Fahrzeuge verfügen außerdem über Zugbus, Fahrzeugbus und Diagnoserechner. Die fünf Triebwagen der DB AG sind in Rostock beheimatet und werden entlang der Ostseeküste im Regionalverkehr eingesetzt.

Baureihe 430/431

Inzwischen haben die Anfang der 1970er-Jahre gebauten S-Bahn- Triebwagen der Baureihe 420 das Ende ihrer Nutzungszeit erreicht und müssen dringen abgelöst werden. Deshalb bestellte die DB bei Alstom in Salzgitter und Bombardier in Aachen die neuen S-Bahn-Triebwagen der Baureihe 430.

Wie die Vorgänger der Baureihe 423 laufen die Fahrzeuge auf zwei angetriebenen Enddrehgestellen und zwei ebenfalls angetriebenen Jakobs-Drehgestellen. Das mittlere Jakobs-Drehgestell ist ohne Antrieb. Die Wagenkästen stützen sich über Luftfedern auf den Drehgestellen ab.

Aufgrund der Vorgaben in den »Technischen Spezifikationen für die Interoperabilität« (TSI) wurden in die neu konstruierten Köpfe Stoßverzehrelemente eingebaut.

Der Abstand zwischen Zug und Bahnsteigkante lässt sich durch bewegliche Trittstufen überbrücken. Wegen Problemen beim Aus- und Einfahren dieser Tritte werden sie zunächst nicht genutzt. Es laufen aber Untersuchungen, um diese Mängel zu beseitigen und die Tritte in Betrieb zu nehmen. Die Türen sind mit einer Drucktastensteuerung und akustischem Warnsignal ausgestattet. Neben den Scheibetüren erhellen Leuchten den Fußraum.

Baureihe	430/431
Radsatzanordnung	Bo'Bo'2'Bo'Bo'
Stromsystem	15 kV/16,7 Hz ~
V_{max} (km/h)	140
Leistung (kW)	2.350
Dienstmasse (t)	139,1
Radsatzfahrmasse (t)	
Länge über Kupplung (mm)	68.300
Raddurchmesser (mm)	850
Sitzplätze	184
Indienststellung	2012–...

Den Reisenden stehen bequeme Sitze mit lederbezogenen Kopfpolstern zur Verfügung. Die Innenbeleuchtung besteht aus Leuchtdioden, die in einem Leuchtenband blendfrei montiert sind. Im Türraum gibt es eine Fußbeleuchtung. Eine Videoüberwachungsanlage und Sprechstellen neben den Türen sollen die Sicherheit in den Zügen erhöhen.

Der Antrieb besteht aus acht Drehstrom-Asynchron-Motoren mit zweistufigem Getriebe.

In Stuttgart sind die verkehrsroten Züge inzwischen planmäßig auf den Linien S 1 bis S 3 unterwegs. Auch im Raum Frankfurt (Main) laufen erste Züge auf den Linien S 1 und S 8 im Plandienst.

Baureihe 440⁰, 440², 440³, 1440

Für die Regionalverkehre in Augsburg (»Fugger-Express«), Würzburg und auf der Strecke München–Passau (»Donau-Isar-Express«) bestellte die DB AG bei Alstom LHB 78 Triebwagen vom Typ »Coradia Continental«, die sie als Baureihe 440 einreihte. Entsprechend ihren Einsatzzwecken orderte man 22 dreiteilige (BR 440³), 48 vierteilige (BR 440⁰)

Baureihe	440⁰	440²	440³
Radsatzanordnung	Bo'Bo'2'2'Bo'Bo'	Bo'Bo'2'2'Bo'Bo'	Bo'2'Bo'Bo'
Stromsystem	15 kV/16,7 Hz ~	16²/₃ Hz / 15 kV	16²/₃ Hz / 15 kV
Vmax (km/h)	160	160	160
Leistung (kW)	8 x 360	8 x 360	6 x 360
Dienstmasse (t)	136,5	168,0	112,0
Radsatzfahrmasse (t)			
Länge über Kupplung (mm)	70.900	87.000	54.400
Raddurchmesser (mm)	850	850	850
Sitzplätze	240	293	171
Indienststellung	2008–2011		

und sechs fünfteilige (BR 440²) Einheiten. Die ab 2014 gebauten Triebwagen der Baureihe 1440 unterscheiden sich von ihren Vorgängern durch crashoptimierte Köpfe und ein völlig anderes Design. Sie sind für den Einsatz im Rhein-Ruhr-Gebiet vorgesehen.

Das Fahrzeugkonzept bietet die Möglichkeit, verschiedene Wagentypen zu kombinieren: So offeriert der Hersteller als Endwagen den A-Wagen, der wahlweise mit Trieb- und Laufdrehgestellen oder mit zwei Triebdrehgestellen ausgerüstet werden kann. Der B-Wagen besitzt keine Drehgestelle, sondern nur die dafür notwenigen Auf-

nahmevorrichtungen. Der C-Wagen mit einem Jakobs-Drehgestell trägt den Stromabnehmer, den Transformator, die Hochspannungsausrüstung und die Druckluftanlage. Wie B- und C-Wagen ist auch der D-Wagen ein Mittelwagen. Er ist mit zwei Jakobsdrehgestellen, einem Stromabnehmer und Hochspannungsanlage ausgerüstet. Die elektrische Ausrüstung der Triebzüge befindet sich größtenteils auf dem Dach. Für die Leittechnik steht ein WTB-Zugbus zur Verfügung. Daran ist über einen Gateway der MVB-Fahrzeugbus angeschlossen. Ein Fahrzeugsteuerungsgerät überwacht und regelt alle Systeme und ihre Funktionen.

Baureihe 442, 1442, 2442

Im Februar 2007 schlossen DB AG und Bombardier Transportation einen Rahmenvertrag über die Lieferung von bis zu 321 Triebzügen vom Typ Talent 2, von der DB als Baureihe 442/443 bezeichnet.

Wichtige Merkmale der neu entwickelten Elektrotriebzug-Plattform Talent 2 sind ein modularer Aufbau und eine vergleichsweise hohe Standardisierung. Die Züge bieten eine große Flexibilität in der Konfiguration bei – laut Hersteller – gleichzeitiger Kosteneffektivität und -transparenz. Das Baukastenprinzip ermöglicht zahlreiche Varianten. Die zwei- bis sechsteiligen Fahrzeuge können mit unterschiedlichen technischen Modulen ausgestattet werden – je nach Einsatzzweck.

Eine skalierbare Traktionsleistung durch das Antriebs- und Steuerungssystem BOMBARDIER MITRAC soll den Triebwagen besonders energieeffizient machen. Das Fahrzeug kann sowohl für die häufigen Beschleunigungs- und Bremsphasen im Nahverkehr als auch für die Anforderungen des Regionalverkehrs eingerichtet werden.

Der erste Einsatz der Baureihe 442 war ursprünglich ab Dezember 2009 auf der Moselstrecke zwischen Koblenz und Perl sowie auf den Strecken Cottbus–Leipzig Hbf und Cottbus–

Baureihe	442/1442/2442
Radsatzanordnung	Bo'2'Bo' – Bo'2'Bo'2'Bo'2'Bo'
Stromsystem	15 kV/16,7 Hz ~
V_{max} (km/h)	160
Leistung (kW)	2.020–4.040
Dienstmasse (t)	57,0–
Radsatzfahrmasse (t)	18,0
Länge über Kupplung (mm)	40.100–104.500
Raddurchmesser (mm)	840
Sitzplätze	110–340
Indienststellung	2008–...

Falkenberg (Elster) vorgesehen. Obwohl die Fahrzeuge termingerecht fertig gestellt worden waren, lag die Zulassung nicht rechtzeitig vor, sodass die Triebwagen erst ab Juni 2010 eingesetzt werden konnten.

Die Züge werden in zahlreichen Ausführungen in mehreren RegionalBahn-Netzen eingesetzt. Besonders auffällig sind die Fahrzeuge der Baureihe 1441, die in silberfarbenem Outfit den S-Bahn-Betrieb im Großraum Leipzig bestreiten.

Die vierteilige Unterbaureihe 2442 ist komplett in München beheimatet und wird von dort aus im Regionalverkehr Richtung Süden eingesetzt.

■90

Baureihe 450

Im Bestand der DB AG befinden sich auch vier Zweirichtungs-Gelenkstadtbahnwagen des Typs GT8-100C/2S, die von der Albtal-Verkehrs-Gesellschaft (AVG) betreut und betrieben werden. Sie verkehren im S-Bahnbetrieb im Karlsruher Verkehrsverbund (KVV) auf den mit Wechselstrom elektrifizierten DB-Gleisen nach der Eisenbahnbau- und Betriebsordnung (EBO) und auf den mit Gleichstrom (750 V) betriebenen Straßenbahngleisen nach der Betriebsordnung Straßenbahn (BOStrab), auch bekannt als »Karlsruher Modell«.

Die Rahmensteifigkeit der ab 1991 gelieferten achtachsigen Zweirichtungs-Gelenkstadtbahnwagen des Typs GT8-100C/2S ist mit 600 kN geringer als die von der EBO geforderten 1.500 kN, die notwendige Sicherheit gewährleistet aber das leistungsfähige Bremssystem mit sehr kurzen Bremswegen. Für ihren Einsatz auf Eisenbahn- und Straßenbahngleisen besitzen die Radreifen der Fahrzeuge ein Mischprofil. Bei Fahrt auf DB-Gleisen wandelt ein Gleichrichter den Wechselstrom aus dem 15-kV-Netz für die Aggregate des Wagens um. Die weitere Ausrüstung der Triebwagen entspricht mit Sifa,

Baureihe	450
Radsatzanordnung	B'2'2'B'
Stromsystem	15 kV/16,7 Hz ~; 750 V=
V_{max} (km/h)	100
Leistung (kW)	2 x 230
Dienstmasse (t)	58,6
Radsatzfahrmasse (t)	11,0
Länge über Kupplung (mm)	37.610
Raddurchmesser (mm)	740
Sitzplätze	100
Indienststellung	1991–1995

Indusi, Zugbahnfunk, induktiver Fahrsperre und Betriebsfunk der AVG der EBO und der BOStrab; sie sind außerdem mit dem Mikrocomputer-Fahrzeugsteuerungssystem (MICAS) ausgestattet. Duewag lieferte 1991 die ersten zehn Triebwagen als AVG 801 bis 810. Von 1994 bis 1995 folgten weitere 26 Fahrzeuge, von denen vier der DB gehören, die sie als Baureihe 450 001 bis 004 einreihte. Wegen Brandstiftung musste 450 002 im Sommer 2001 ausgemustert werden. AVG-Triebwagen 816 ersetzte ihn als 450 005.

Baureihe 470

Für den Ausbau des Gleichstromnetzes der Hamburger S-Bahn benötigte die Deutsche Bundesbahn Ende der 1950er-Jahre Fahrzeuge mit einer Höchstgeschwindigkeit von 100 km/h. Das erste Fahrzeug der neuen Baureihe ET 170[1] (ab 1968: Baureihe 470) wurde 1959 präsentiert. In den Jahren 1959 und 1960 erhielt die DB insgesamt 16 Einheiten, die vorwiegend auf der neuen S-Bahnlinie nach Bergedorf zum Einsatz kamen. Zwischen 1966 Anfang 1970 stellte die DB in zwei Serien weitere 29 Triebzüge in Dienst, die letzten schon mit EDV-gerechten Baureihennummern.

Die dreiteiligen Triebzüge setzen sich aus zwei vierachsigen Endtriebwagen (2. Klasse) und einem vierachsigen Mittelwagen (1. Klasse) ohne Antrieb zusammen.

Automatische Scharfenbergkupplungen an den Zugenden und nur in der Werkstatt zu lösende Kurzkupplungen verbinden die Wagen untereinander und mit anderen Zügen.

In geschweißter Stahlleichtbauweise entstanden die Wagenkästen. Vier Doppelschiebetüren pro Wagenseite ermöglichen einen schnellen Fahrgastwechsel. Zwischen den Wagen gibt es aber keine Durchgangsmöglichkeit.

Alle Radsätze eines Endtriebwagens werden

Baureihe	470
Radsatzanordnung	Bo'Bo'+2'2'+Bo'Bo'
Stromsystem	1.200 V =
V_{max} (km/h)	100
Dauerleistung (kW)	1.024
Dienstmasse (t)	111,0
Radsatzfahrmasse (t)	15,7
Länge über Kupplung (mm)	65.520
Raddurchmesser (mm)	950
Sitzplätze	200
Indienststellung	1959–1970

von vier Gleichstrom-Reihenschlussmotoren über Tatzlager angetrieben. Die elektrische Ausrüstung und die Druckluftanlage finden in der Bodenwanne zwischen den Triebdrehgestellen Platz. Die Einheiten verkehrten einzeln (Kurzzug), zu zweit (Vollzug) oder zu dritt (Langzug). Die ersten Triebwagen der 45 Einheiten stellte man ab, als 1997 die ersten Exemplare der neuen Baureihe 474 an der Elbe eintrafen. Ende 2002 wurden die letzten Fahrzeuge der Baureihe 470 ausgemustert. Mehrere Fahrzeuge blieben erhalten, der »Verein Historische S-Bahn Hamburg e.V.« möchte mittelfristig eine Einheit betriebsfähig aufarbeiten.

Baureihe 471

Mitte der 1930er-Jahre beschloss die Deutsche Reichsbahn, die bislang mit Wechselstrom aus der Oberleitung betriebene Hamburger S-Bahn auf Gleichstrombetrieb mit seitlicher Stromschiene umzustellen. Obwohl bereits im April 1940 ein erstes Teilstück in Betrieb ging, rollten wegen des Zweiten Weltkriegs erst im Mai 1955 die letzten Wechselstromzüge aufs Abstellgleis. Die Reichsbahn beschaffte für den Gleichstrombetrieb die Triebwagen der Baureihe ET 171. Dabei handelte es sich um einen dreiteiligen Triebzug, bestehend aus zwei angetriebenen Endwagen (3. Klasse) und einem dazwischen gekuppelten Mittelwagen (2. Klasse). Die Aufbauten sind komplett geschweißt. Ein Übergang zwischen den Wagen ist nicht möglich. Die vier Schiebetüren pro Wagenseite haben eine elektropneumatische Schließeinrichtung.

Alle Radsätze der beiden Endwagen werden von vier Gleichstrom-Reihenschlussmotoren über Tatzlager angetrieben. Zwischen den Drehgestellen der leicht veränderten Bauart Görlitz befand sich in einer abgeschlossenen Bodenwanne die gesamte elektrische Ausrüstung.

Während des Krieges lieferten die Hersteller in den Jahren 1939 bis 1943 die ET 171 001 bis 047. Die Deutsche Bundesbahn be-

Baureihe	471
Radsatzanordnung	Bo'Bo'+2'2'+Bo'Bo'
Stromsystem	1.200 V =
Vmax (km/h)	80
Leistung (kW)	896
Dienstmasse (t)	131,2
Radsatzfahrmasse (t)	15,5
Länge über Kupplung (mm)	62.520
Raddurchmesser (mm)	930
Sitzplätze	202
Indienststellung	1939–1958

schaffte 1954 und 1958 weitere 26 Triebzüge (ET 171 061 bis 086) mit einigen Modifikationen. Ab 1968 reihte man die Fahrzeuge als Baureihe 471/871 ein. Ein großes Modernisierungsprogramm Mitte der 1980er-Jahre wurde nach dem Umbau von 22 Triebzügen 1987 gestoppt. Die Lieferung der neuen Triebwagen der Baureihe 474 brachten das Aus für die robusten Fahrzeuge, im Herbst 2001 wurden die letzten Exemplare ausgemustert.

Nach einer aufwendigen Restaurierung stand seit 2007 mit dem ET/EM 171 082 ein betriebsfähiger Museumszug der Baureihe 471/871 zur Verfügung, der vom »Verein Historische S-Bahn Hamburg e.V.« einsetzt wurde. Inzwischen ist der Zug mit abgelaufenen Fristen abgestellt.

Baureihe 472/473

Noch immer im Einsatz sind die Triebzüge der dritten Fahrzeuggeneration bei der Hamburger S-Bahn, der Baureihe 472/473. Von diesem Typ erwarb die Deutsche Bundesbahn (DB) zwischen 1974 und 1984 insgesamt 62 dreiteilige Triebzüge.

Anlass für ihre Entwicklung war zunächst der Bau der neuen unterirdischen City-Strecke vom Hauptbahnhof über Jungfernstieg und Landungsbrücken nach Altona, die Steigungen bis zu 40 ‰ aufwies. Die neuen Fahrzeuge sollten wiederum eine Höchstgeschwindigkeit 100 km/h erreichen, aber ein besseres Beschleunigungsvermögen besitzen. Erstmals wurden deshalb nicht nur die die Achsen der End-, sondern auch die der Mittelwagen (Baureihe 473) angetrieben. Vierpolige Gleichstrom-Reihenschlussmotoren treiben die Radsätze über Tatzlager an. Ein Nockenschaltwerk mit 29 Anfahr- und zwei Dauerfahrstufen steuert die Motoren.

Die Leichtbau-Wagenkästen sind vollständig geschweißt. Die Stirnfronten bestehen aus glasfaserverstärktem Polyester. Das Führerpult befindet sich mittig hinter der kleinen einteiligen Frontscheibe. Seitliche Drehtüren ermöglichen den Zugang zum Führerraum.

Baureihe	472/473
Radsatzanordnung	Bo'Bo'+Bo'Bo'+Bo'Bo'
Stromsystem	1.200 V =
V_{max} (km/h)	100
Leistung (kW)	1.500
Dienstmasse (t)	114,4
Radsatzfahrmasse (t)	11,5
Länge über Kupplung (mm)	65.820
Raddurchmesser (mm)	850
Sitzplätze	196
Indienststellung	1974–1984

Die Fahrgasträume lassen sich durch vier bzw. drei zweiflügelige Schiebetüren auf jeder Wagenseite betreten.

1974 und 1975 beschaffte die DB zunächst 30 Einheiten, 1982 bis 1984 folgen 32 weitere, in Teilen modifizierte Garnituren. Ein aufwendiges »Redesign-Programm« machte die Triebwagen zwischen 1997 und 2005 fit für weitere Einsatzjahre. Dabei glich man die Inneinrichtung der Baureihe 474 an und baute u.a. Notrufsprechstellen und die Einrichtungen für die Selbstabfertigung in die inzwischen verkehrsroten Züge durch den Triebfahrzeugführer ein.

■94

Baureihe 474

Als vierte – und vorerst letzte – Fahrzeuggeneration der Hamburger S-Bahn beschaffte die DB AG seit Mitte der 1990er-Jahre die Triebwagen der Baureihe 474. Bis zum Jahr 2001 wurden in zwei Serien 103 dreiteilige Triebzüge geliefert, die aus zwei angetriebenen End-Wagen und einem Mittelwagen ohne Motor bestehen. Die Triebwagen der Baureihe 474 sind die ersten Fahrzeuge der Hamburger S-Bahn mit Drehstrom-Antriebstechnik. Die luftgefederten Drehgestelle mit hydraulischen Schwingungsdämpfern sind für bogenreiche Strecken mit engen Kurven konstruiert, wie sie besonders auf der S1 Wedel–Poppenbüttel zu finden sind. Drei Doppel-Schiebetüren pro Wagen und Seite führen in den Fahrgastbereich. Automatische Haltestellenanzeigen und -ansagen informieren die Fahrgäste.

Der Bau der Serie startete Ende 1996 und endete im Jahr 2001, doch zahlreiche Kinderkrankheiten der neuen Züge lieferten wochenlang Stoff für die Hamburg-Seiten der Lokalpresse. Es sollte einige Zeit dauern, ehe die Triebwagen störungsfrei liefen.

Neuland betrat man in der Hansestadt, als man für die Verlängerung der S3 nach Stade neun neue Zweisystemfahrzeuge (474 104–112)

Baureihe	474
Radsatzanordnung	Bo'Bo'+2'2'+Bo'Bo'
Stromsystem	1.200 V =*
V_{max} (km/h)	100
Leistung (kW)	920
Dienstmasse (t)	102
Radsatzfahrmasse (t)	
Länge über Kupplung (mm)	66.000
Raddurchmesser (mm)	855
Sitzplätze	208
Indienststellung	1996–2001

*ab 474 104: 15 kV/16,7 Hz ~, 1,2 kV =

für den Betrieb unter Wechselstrom-Oberleitung beschaffte und außerdem 33 vorhandene Einheiten der BR 474 entsprechend umbaute (474 059–091 in 474 113–145). Die Mittelwagen dieser Triebzüge sind mit einem Pantographen ausgerüstet, der sich wegen der Tunnelstrecken vollständig im Wagendach versenken lässt. Trafo und Umrichter sind ebenfalls im Mittelwagen untergebracht, der eine Bremsausrüstung erhielt. Im Dezember 2007 starteten die Zweisystem-S-Bahnen ihren Einsatz unter der Wechselstrom-Oberleitung, ebenfalls nicht ganz ohne Kinderkrankheiten.

Baureihe 475, 476

Die Deutsche Reichsbahn-Gesellschaft (DRG) beschaffte ab 1928 insgesamt 638 Viertelzüge der Baureihe ET 165. Einige Jahrzehnte bildeten die Triebwagen der Baureihe ET 165 das Rückgrat im Personenverkehr der Berliner S-Bahn. Um sie länger einsetzen zu können, hatte die DR die Fahrzeuge nach dem Zweiten Weltkrieg umgebaut bzw. ab 1965 rekonstruiert. Neubau-Fahrzeuge sollten den ET 165 schon Mitte der 1970er-Jahre ablösen, aber dies unterblieb, weil die DR das Projekt »ET 170« nicht weiterverfolgt hatte. Deshalb wurden 212 Viertelzüge der ehemaligen Baureihe ET 165 (ab 1970: BR 275) ab 1979 im Raw Schöneweide modernisiert, die als Baureihe 276 eingereiht wurden. Sie unterschieden sich durch die geänderte Frontpartie von den Altbau-Triebwagen der Baureihe 275, die weiterhin in Ost- und West-Berlin im Einsatz waren.

Zwischen 1987 und 1993 wurde bei 79 Viertelzügen die einlösige Druckluftbremse gegen eine mehrlösige ausgetauscht. Diese Wagen wurden als 476^0 eingereiht, die übrigen als 476^3.

Die in den 1950er-Jahren eingebauten Hartpolstersitze wurden gegen neue weicher ge-

Baureihe ab 1992	476
Baureihe bis 1992	276
Radsatzanordnung	Bo'Bo'+2'2'
Stromsystem	750 V =
V_{max} (km/h)	80
Leistung (kW)	252
Dienstmasse (t)	65,5
Radsatzfahrmasse (t)	
Länge über Kupplung (mm)	35.460
Raddurchmesser (mm)	900
Sitzplätze	115
Indienststellung	1979–1989

polsterte Sitze ausgetauscht. Die Traglasträume wurden um die Hälfte verkleinert und in die Innentrennwände bekamen Drehtüren statt der alten Schiebtüren.

Beide Baureihen (ab 1992: BR 475 und BR 476) gelangten 1994 in den Bestand der Deutschen Bahn AG. Während die letzten Altbau-Triebwagen der Baureihe 475 im Jahr 1997 abgestellt wurden, rollten die letzten »Nieten-Rekos« der Baureihe 476 im Jahr 2000 aufs Abstellgleis.

Baureihe 477

Für Erweiterungen des Streckennetzes der Berliner S-Bahn – speziell für den Nordsüd-Tunnel – bestellt die Deutsche Reichsbahn rund zwei Jahre vor Ausbruch des Zweiten Weltkriegs 291 Viertelzüge der Baureihe ET 167, von denen jedoch zwischen 1938 und 1944 nicht alle gefertigt werden.

Technik, Konstruktion und Innenraum lehnten sich stark an die Olympia- und Bankierzüge (Bauarten 1935 und 1935a, ab 1941 Baureihen ET/EB 166 und ET/EB 125) an. Im angetriebenen Wagen eines Viertelzugs befanden sich ein Dienstabteil und ein Großraum 3. Klasse (Nichtraucher). Im Beiwagen waren Abteile 3. Klasse für Raucher und 2. Klasse für Raucher oder Nichtraucher. Die automatische Scharfenbergkupplung kuppelte auch die elektrischen Steuerleitungen. Sie konnte vom Führerstand gelöst werden. Die elektropneumatische Bremse war nun spannungsunabhängig. Kriegszerstörungen sowie Abgaben an die Sowjetunion und Polen verringerten den Bestand nach dem Krieg weiter. Ab 1965 modernisierte die DR ihre ET 167 im Raw Schöneweide. Die Modernisierung umfasste u.a. den Einbau neuer gepolsterter Sitzbänke, einer Sifa und

Baureihe ab 1992	477
Baureihe bis 1992	277
Achsfolge	Bo'Bo'+2'2'
Stromsystem	750 V =
V_{max} (km/h)	80
Leistung (kW)	252
Dienstmasse (t)	68,2
Länge über Kupplung (mm)	35.460
Raddurchmesser (mm)	900
Sitzplätze	110
Indienststellung	1938–1944

einer elektrischen Widerstandsheizung. Diese so genannten Reko-Züge erhielten ab 1970 die Betriebsnummern 277 001 bis 277 096. In den 1970er-Jahren führte die DR das Modernisierungsprogramm für die Baureihe 277 weiter, aber wegen fehlender Drehgestelle kam es ständig zu Verzögerungen, sodass 15 Viertelzüge nicht umgebaut wurden. Die Reko-Züge der Baureihe 277 (ab 1992: Baureihe 477) waren im S-Bahn-Bw Berlin-Grünau beheimatet. Erst im Jahr 2003 hatte die Baureihe 477 ausgedient und die letzten Fahrzeuge wurden aus den Bestandslisten gestrichen.

Baureihe 479²

Zur Oberweißbacher Bergbahn gehört neben der bekannten Standseilbahn die 2,6 km lange Strecke Lichtenhain–Cursdorf, in deren Triebwagen die Fahrgäste in der Bergstation umsteigen. Die Deutsche Reichsbahn übernahm die Oberweißbacher Bergbahn 1949.

Die Triebwagen auf der 1923 eröffneten Nebenbahn werden mit 600 V Gleichstrom betrieben. Einziger Triebwagen war 1949 der ET 188 531. Als Reservefahrzeug erhielt die DR 1955 von der Leipziger Straßenbahn den späteren ET 188 701. Letzterer wurde 1963 im Raw Schöneweide neu aufgebaut. Ebenfalls neu aufgebaut wurde im Raw Schöneweide ab Mai 1968 auch der ET 188 531. Bis auf wenige Kleinteile war der nunmehrige 279 201 ein völliger Neubau. 1984 stockte die DR den Fahrzeugbestand der Oberweißbacher Bergbahn durch den 279 205 auf. Auch der war de facto ein Neubau. Als Spenderfahrzeug diente der ehemalige Steuerwagen 279 202. Die Stirnseiten der Wagen erinnern stark an die der modernisierten Baureihe 277 (477) der Berliner S-Bahn. Die kurzen Zweiachser können durch eine druckluftbetriebene Doppelschiebetür

Betriebs-Nr. ab 1992	479 201	479 203	479 205
Betriebs-Nr. bis 1992	279 201	279 203	279 205
Radsatzfolge	Bo	Bo	Bo
Stromsystem	600 V =	600 V =	600 V =
V_{max} (km/h)	50	50	50
Leistung (kW)	120	120	120
Dienstmasse (t)	19,5	19,5	19,5
Radsatzfahrmasse (t)			
Länge über Puffer (mm)	11.600	11.600	11.600
Raddurchmesser (mm)	900	900	900
Sitzplätze	24	24	24
Indienststellung	1923	1955	1984

auf jeder Wagenseite betreten werden. Alle drei Triebwagen gehören noch heute zum Bestand der »Oberweißbacher Berg- und Schwarzatalbahn« (OBS), einem Tochterunternehmen der DB AG. Im Jahr 2008 wurden die Triebwagen 479 201 und 203 einer umfangreichen Modernisierung unterzogen. Man erneuerte die elektrischen Anlagen ebenso, wie die Druckluftanlage und die Heizung. Die Türen bekamen eine neue Schließ- und Sicherungseinrichtung.

■98

Baureihe 479[6]

1949 hatte die Deutsche Reichsbahn der DDR auch die fünf Kilometer lange Buckower Kleinbahn übernommen, die von Müncheberg (Mark) an der Ostbahn nach Buckow (Märkische Schweiz) führt. Die zunächst als Schmalspurbahn betriebene Strecke wurde Ende der 1920er-Jahre auf Regelspur umgebaut und mit 800 Volt Gleichstrom elektrifiziert. Mit der Inbetriebnahme der regelspurigen Strecke am 15. Mai 1930 übernahmen drei elektrische Triebwagen den Verkehr. Diese zweiachsigen Fahrzeuge hatte die Buckower Kleinbahn bei der Hannoverschen Waggonfabrik (Hawa) erworben.

Als das rollende Material und die Strecke Ende der 1970er-Jahre verschlissen waren, entschloss sich die DR zur Sanierung. In den Jahren 1980 bis 1982 wurden Gleise und Fahrzeuge erneuert. Dabei stellte man die Energieversorgung auf 600 Volt Gleichstrom um. Das Raw Schöneweide der Berliner S-Bahn rekonstruierte die Fahrzeuge, was in diesem Fall einem Neubau gleichkam. Dabei griff es auf Bauteile zurück, die aus der zur gleichen Zeit stattfindenden Rekonstruktion der Triebwagen-Baureihe 275 der Berliner S-Bahn stammten.

Baureihe ab 1992	479[6]
Baureihe ab 1970	279[0]
Radanordnung	Bo
Stromsystem	600 V =
V_{max} (km/h)	50
Leistung (kW)	120
Dienstmasse (t)	22,7
Radsatzfahrmasse (t)	
Länge über Puffer (mm)	14.300
Raddurchmesser (mm)	900
Sitzplätze	32
Indienststellung	1930*
* Rekonstruktion 1981/82	

Zudem wurden in der Mitte der Seitenwände doppelflügelige Drehfalttüren eingebaut, die aus dem Reisezugwagenbau stammten. Fahrschalter, Motoren, Widerstände und Stromabnehmer gehörten zur Bauart, die in Straßenbahnwagen der Bauart Gotha verwendet wurden.

Bis zur endgültigen Einstellung des Personenverkehrs am 20. Juni 1999 waren die drei Triebwagen im Planeinsatz. 2002 startete auf der Strecke ein Museumsbetrieb. 479 603 und 879 603 erhalten zur Zeit eine Hauptuntersuchung.

Baureihe 480

Die (West-)Berliner Verkehrsbetriebe (BVG) übernahmen am 9. Januar 1984 die S-Bahn im damaligen West-Berlin. Die Deutsche Reichsbahn der DDR überließ der BVG für den Betrieb 115 Viertelzüge der Baureihe 275. Dieser Bestand reichte aber für einen zuverlässigen Verkehr nicht aus. Daher begannen im Herbst 1984 die Konstruktionsarbeiten für die neue Baureihe 480. Zwei Jahre später, im Herbst 1986, waren die vier Prototypen fertig, die besonders durch ihr ungewöhnliches Frontdesign mit schräggestellter trapezförmiger Frontscheibe, Annax-Zugzielanzeige und Stirnlampen hinter zusätzlichen Dreiecksscheiben auffielen.
Aus dem Edelstahl Renamit sind die Wagenkästen in Leichtbauweise gebaut, bei denen auf jeder Seite drei Doppeltüren vorgesehen sind. Der Wagenkasten stützt sich über je zwei Luftfederbälge ohne Wiege auf die beiden zweiachsigen Drehgestelle ab. Drehstrom-Asynchron-Fahrmotoren treiben alle acht Radsätze der Doppeltriebwagen an. Die Fahrzeuge sind mit Scheibenbremsen und einer Nutz- und Widerstandsbremse mit Energierückspeisung ausgerüstet. Sie sind mit automatischen Scharfenberg-Kupplungen an den Enden und Kurzkupplungen zwischen den Wagen ausgestattet.

Baureihe	480
Radsatzanordnung	Bo'Bo'+Bo'Bo'
Stromsystem	750 V =
V_{max} (km/h)	100
Leistung (kW)	720
Dienstmasse (t)	60,0
Radsatzfahrmasse (t)	
Länge über Kupplung (mm)	36.800
Raddurchmesser (mm)	900
Sitzplätze	92 + 4*
Indienststellung	1986–1993
* Klappsitze	

1990 und 1992 erhielt die BVG die erste Serienlieferung mit 41 Triebzügen. Eine weitere Serie mit 40 Einheiten orderte die DR nach der Vereinigung. An deren Bau war neben der Waggon-Union auch AEG beteiligt.
Heute werden die Züge in Berlin-Wannsee unterhalten. Sie verkehren meist auf den Linien S 5 (Strausberg–Westkreuz, S 8 (Zeuthen–Hohen Neuendorf) und S 46 (Königs Wusterhausen–Westend).
2002 schieden die vier Prototypen 480 001 bis 480 004 aus dem Bestand aus und wurden 2003 verschrottet.

■ 100

Baureihe 481/482

Die 1994 vorgestellte Baureihe 481/482 ist das neue »Einheitsfahrzeug« der Berliner S-Bahn. Weil nur die Triebwagen der Baureihe 481 mit einem Führerstand ausgerüstet sind, ist der Halbzug – bestehend aus zwei Viertelzügen – die kleinste einsetzbare Einheit. Lieferfirmen waren die Deutsche Waggonbau (DWA) und die AEG Schienenfahrzeuge Hennigsdorf. Ein Viertelzug besteht aus zwei im Betrieb nicht trennbaren Wagen, die über eine Kurzkupplung miteinander verbunden sind. Erstmals gibt es eine Übergangsmöglichkeit zwischen den beiden Wagen.

Drehstrom-Asynchronmotoren, die von GTO-Stromrichtern gespeist werden, treiben sechs Radsätze des Viertelzuges an. Ein Drehgestell des Endtriebwagens 481 ist antriebslos. Die luftgefederten Drehgestelle sind mit radial geführten Radsätzen zur Verschleißminderung ausgerüstet. Als Schweißkonstruktion aus nichtrostendem Stahl entstanden in klassischer Gerippebauweise die Wagenkästen. In einer Frontmaske aus Kunststoff ist die sphärisch gekrümmte Frontscheibe gelagert. Die Bremsausrüstung aus einer elektrodynamischen und einer elektropneumatischen Bremse übernahm man in weiten Teilen aus der Baureihe 480.

Baureihe	481/482
Radsatzanordnung	Bo'2'+Bo'Bo'
Stromsystem	750 V =
V_{max} (km/h)	100
Leistung (kW)	600
Dienstmasse (t)	59,0
Radsatzfahrmasse (t)	
Länge über Kupplung (mm)	36.800
Raddurchmesser (mm)	820
Sitzplätze	80 + 14*
Indienststellung	1995–2004
* Klappsitze	

Zum ersten Mal sind in einem Viertelzug der Berliner S-Bahn die Fahrgasträume durchgängig begehbar, dank Faltenbälgen an den Stirnseiten zwischen den Wagenhälften. Im März 1997 gelangten die ersten Triebwagen in den Planeinsatz. Bis zum Sommer 2004 wurden 500 Viertelzüge ausgeliefert.

Die Züge der Baureihe 481 tragen heute die Hauptlast im Berliner S-Bahn-Betrieb. So sind sie auf den S 1, S 2, S 25, S 3, S 5, S 7 und S 85 zu finden. Oft werden sie aber auch auf den S 41 und S 42 eingesetzt. Auf den restlichen Linien sind sie nur fallweise unterwegs.

Baureihe 485

Die Berliner S-Bahn benötigte Mitte der 70er-Jahre immer dringender neue elektrische Triebwagen, standen zu dieser Zeit doch noch mehr als 670 Viertelzüge aus der Vorkriegszeit im täglichen Betriebseinsatz. Der LEW Hennigsdorf entwickelte die neue Baureihe 270, die sich von den alten S-Bahn-Triebwagen stark unterschied. Für das Design und die Innengestaltung zeichnete die Hochschule für industrielle Formgestaltung verantwortlich, die ein 1:1-Modell des Führerstandes und eines Fahrgastraumes baute.

Das Baumuster der Baureihe 270 präsentierte man auf der Leipziger Frühjahrsmesse 1980. Das S-Bahn-Bw Grünau übernahm die Prototypen 270 001 bis 270 008 und erprobte sie gründlich. Nach Überarbeitung der Konstruktion entstand 1987 eine Nullserie von acht Triebzügen (270 009 bis 270 025), die in einigen Baugruppen gegenüber den Baumustern starke Veränderungen aufwiesen. Die Serienfertigung der Baureihe 270 startete erst 1990. Bis zum Sommer 1992 wurden in den Hennigsdorfer Werkhallen in vier Baulosen insgesamt 158 leicht modifizierte Viertelzüge gebaut. Weil die Prototypen mit den anderen Fahrzeugen nicht

Baureihe ab 1992	485
Baureihe bis 1992	270
Radsatzanordnung	Bo'Bo'+2'2'
Stromsystem	750 V =
V_{max} (km/h)	90
Leistung (kW)	500
Dienstmasse (t)	60,0
Radsatzfahrmasse (t)	
Länge über Kupplung (mm)	36.200
Raddurchmesser (mm)	850
Sitzplätze	104
Indienststellung	1980–1992

gemeinsam eingesetzt werden konnten, wurden sie bereits 1991 ausgemustert.

Abweichend von der Regellackierung der Berliner S-Bahn wurde die Wagen mit rotem Wagenkasten und dunkelgrauem Fensterband geliefert. Inzwischen laufen noch alle verbliebenen Züge in rot/beigefarbenen Anstrich. Eigentlich sind die Züge schon seit längerem zur Abstellung vorgesehen. Probleme mit der Baureihe 481 veranlassten aber die DB, zahlreiche Züge der Baureihe 485 aufarbeiten zu lassen und weiter zu betreiben.

Baureihe 488

Der Panoramazug der Berliner S-Bahn ist mittlerweile zu einem Markenzeichen der Hauptstadt geworden. Das dreiteilige Fahrzeug der neuen Baureihe 488 baute die Hauptwerkstatt Schöneweide der Berliner S-Bahn aus den Triebwagen 477 105 und 130 sowie der Beiwagen 877 105 und 130. Von den Spenderfahrzeugen übernahm man aber nur Drehgestelle und Rahmen, da der Zustand der Wagenkästen keinen aufwendigen Umbau mehr erlaubte. Stattdessen fertigten die Mitarbeiter in Schöneweide neue Aufbauten. Auf die Fahrgäste der »Panorama-S-Bahn« warten 65 drehbare Sitze, auf denen sie immer in Fahrtrichtung sitzen können. Den Blick auf die Sehenswürdigkeiten Berlins ermöglichen die bis weit ins Dach hinein gezogenen Panoramafenster. Getränke und kleine Gerichte können an der Bar mit Theke im Mittelwagen eingenommen werden. Die Fahrgäste bekommen über Kopfhörer oder direkt von einem Reiseleiter Informationen zur Stadt, auch auf Englisch und Spanisch. Offene Stirnseiten zwischen den Wagen ermöglichen einen Durchgang durch den ganzen Zug.
Durch drei zweiteilige Schwenktüren auf jeder Seite kann der Zug betreten und verlassen werden.

Baureihe	488
Radsatzanordnung	Bo'Bo'+2'2'+Bo'Bo'
Stromsystem	750 V =
V_{max} (km/h)	80
Leistung (kW)	504
Dienstmasse (t)	123,0
Radsatzfahrmasse (t)	
Länge über Kupplung (mm)	54.065
Raddurchmesser (mm)	900
Sitzplätze	65
Indienststellung	1999

Rechtzeitig zu den Jubiläumsfeiern des 75. Geburtstags der Berliner S-Bahn präsentierte man den als 488 001 + 888 001 + 488 501 bezeichneten Triebzug am 6. August 1999 der Öffentlichkeit.
Der Zug war freitags und an den Wochenenden als Rundfahrt auf der Strecke Ostbahnhof–Südring–Stadtbahn–Ostbahnhof unterwegs. Außerdem konnte er angemietet werden.
Der Zug ist in Berlin-Wannsee beheimatet, aber zurzeit nicht in Betrieb, sondern von der nächsten Untersuchung zurückgestellt. Über eine Wiederinbetriebnahme ist noch nicht entschieden.

Baureihe 515

1952 stellte die Deutsche Bundesbahn mit den Triebwagen der Baureihe ETA 176 (ab 1968: Baureihe 517) die ersten acht Neubaufahrzeuge mit elektrischem Antrieb und Akkumulator-Versorgung in Dienst, nachdem sie vorher jahrlange Erfahrrungen mit den preußischen Akkutriebwangen der Bauart Wittfeld sammeln konnte, die nach dem Zweiten Weltkrieg zur DB kamen.

Auch die acht Neubau-Triebwagen bewährten sich samt ihrer acht Steuerwagen, so dass ab 1954 mit der Serienbeschaffung solcher Triebwagen begann. Die neuen Fahrzeuge unterschieden sich äußerlich durch die eckigere Form von den Vorgängern und wurden als ETA/ESA 150 eingereiht. 1968 wurden sie in 515/815 umgezeichnet. Insgesamt übernahm die DB bis 1965 in mehreren unterschiedlich eingerichteten Bauserien 232 Triebwagen und 216 Steuerwagen.

Schraubenkupplungen und Hülsenpuffer ermöglichten die Beförderung zusätzlicher Wagen sowie die Bildung von Zügen aus mehreren Trieb- und Steuerwagen.

Die vierachsigen Fahrzeuge hatten je einen Einstieg an den Wagenenden und in der Mitte. Somit gab es innen zwei Wagenhälften mit Großräumen der 2. Klasse und unterschiedlich vielen Abteilen der 1. Klasse. Einige Fahrzeuge

Baureihe	515
Radsatzanordnung	Bo'2'
V_{max} (km/h)	100
Leistung (kW)	300
Dienstmasse (t)	49,0 – 56,0
Radsatzfahrmasse (t)	
Länge über Puffer (mm)	23.400
Raddurchmesser (mm)	950
Sitzplätze	59 – 86
Indienststellung	1954–1965

hatten einen Gepäckraum, bei anderen wurde auf diesen verzichtet.

Die Akkus hingen in Trögen unter dem Wagenboden und gaben ihre Energie an die Gleichspannungs-Reihenschlussmotoren mit Tatzlagerantrieb ab.

1993/1994 bekamen 515 548, 554, 556 und 580 auf Betreiben des Sponsors Nokia den neuen Anstrich für Regionalbahnen mit hellem Wagenkasten und türkisfarbenem Fensterband. Zwei Triebwagen wurden an die Regentalbahn verkauft und dort auf dieselelektrischen Antrieb umgebaut.

26 Triebwagen und zehn Steuerwagen kamen noch zur Deutschen Bahn AG. Sie waren in Mönchengladbach und Wanne-Eickel beheimatet. Ihr Einsatz endete aber bereits 1995.

Baureihe 605

1994 orderte die DB AG bei einem Konsortium bestehend aus den Firmen DWA, Düwag, Fiat und Siemens zunächst 37 elektrische Triebzüge mit Neigetechnik und ICE-Ausstattung (Baureihen 411 und 415, siehe Seite 80). Weil nicht alle Fernverkehrsstrecken elektrifiziert sind, bestellte die Deutsche Bahn 1996 bei Siemens, DWA und Düwag 20 ICE-Dieseltriebwagen mit aktiver Neigetechnik.

Es entstanden 20 vierteilige Triebzüge mit einer Höchstgeschwindigkeit von 200 km/h, 195 Sitzplätzen und einer maximalen Radsatzlast von 14,5 Tonnen.

Die gesamte Antriebs- und Hilfsausrüstung sitzt bei den Fahrzeugen unterflur. Ein Cummins-Dieselmotor mit 560 kW treibt unter jedem Wagen einen Drehstrom-Synchrongenerator an, der wiederum die beiden im Triebdrehgestell angeordneten Drehstrom-Asynchron-Fahrmotoren mit der nötigen Energie versorgt. Von einem Führerstand aus lässt sich eine Mehrfachtraktion von bis zu drei Einheiten steuern.

Im Jahr 2001 startet der Planeinsatz auf der »Sachsenmagistrale« Nürnberg–Hof–Chemnitz–Dresden und der Allgäubahn München–Lindau

Baureihe	605
Radsatzanordnung	2'Bo'+Bo'2'+2'Bo'+Bo'2'
V_{max} (km/h)	200
Motorleistung (kW)	4 x 560
Kraftübertragung	elektrisch
Dienstmasse (t)	216,0
Radsatzfahrmasse (t)	14,5
Länge über Kupplung (mm)	106.700
Raddurchmesser (mm)	860
Sitzplätze	195
Indienststellung	1999–2001

(weiter nach Zürich). Leider erwiesen sich die Triebwagen zunächst als sehr störanfällig. Obgleich die Hersteller die meisten Ursachen beheben konnten, stellte die DB AG die Fahrzeuge im September 2003 ab. Erst seit April 2006 setzte die DB wieder einige Fahrzeuge ein, vor allem im Sonderverkehr zur Fußballweltmeisterschaft. Zum Ende des Jahres 2007 mietete die DSB einige Einheiten, die Arhus und Kopenhagen mit Berlin und Hamburg verbinden. Triebwagen 6 trägt einen Anstrich mit dunkelblauer Front und dunkelblau umrandeten Fenstern.

Baureihe 610

Ende der 1980er-Jahre vereinbarten die Deutsche Bundesbahn und der Freistaat Bayern den Einsatz von neuen Dieseltriebwagen mit FIAT-Neigetechnik in Franken. Die DB orderte deshalb 20 Triebzüge der neuen Baureihe 610, deren elektrische Ausrüstung die Firmen Siemens, AEG und ABB lieferten und deren wagenbaulicher Teil von den Firmen MAN, MBB und DUEWAG stammte. Das italienische Unternehmen Fiat Ferroviaria lieferte dagegen die Neigetechnik und damit auch gleich den Spitznamen der neuen Fahrzeuge: »Pendolino«. Die zweiteiligen Triebzüge bestehen aus den Triebwagen 610^0 und 610^5. Sie haben drei Triebdrehgestelle, bei denen jeweils ein AEG-Drehstrommotor den inneren Radsatz über Gelenkwellen antreibt. Das vordere Drehgestell des 610^0 ist als reines Laufdrehgestell ausgeführt, damit die maximale Radsatzlast von 13 Tonnen nicht überschritten wird. Zwei MTU-Dieselmotoren mit je 485 kW treiben mittels Drehstrom-Synchrongeneratoren von Siemens die Fahrmotoren an.
Die Wagenkästen entstanden aus Aluminium-Großstrangpressprofilen in geschweißter, selbst tragender Bauweise. Sie können durch Hydraulikzylinder um bis zu 8° geneigt werden und erlauben so, das bogenschnelle Fahren

Baureihe	610
Radsatzanordnung	2'(A1)'+(1A)'(A1)'
V_{max} (km/h)	160
Leistung (kW)	2 x 485
Kraftübertragung	elektrisch
Dienstmasse (t)	101,1
Radsatzfahrmasse (t)	13,2
Länge über Kupplung (mm)	51.750
Raddurchmesser (mm)	890
Sitzplätze	130
Indienststellung	1991–1993

der Züge. Im Mai 1992 startete in Franken der »Pendolino«-Verkehr zwischen Nürnberg und Bayreuth bzw. Hof.
Die DB-Tochter Arriva CZ übernahm 2013 die Fahrzeuge 610 017 und 610 018, ließ sie grün-türkis lackieren und wollte sie in Tschechien im Regionalverkehr einsetzen, wozu es aber nicht kam. Im Winter 2014 schieden die letzten Züge aus dem Plandienst aus. 610 011 gehört zum DB Museum und wurde zum Standort Koblenz gebracht, wo er für Sonderfahrten genutzt werden soll. Ende 2014 wurde der letzte 610 bei der DB aus dem aktiven Dienst verabschiedet.

Baureihe 611

Nach dem Erfolg der Baureihe 610 orderte die DB AG weitere Dieseltriebwagen mit Neigetechnik. 1994 beauftragte die DB AG die AEG mit dem Bau von 50 zweiteiligen Dieseltriebwagen der neuen Baureihe 611. Deren Fahrzeugkonstruktion mit zwei unabhängigen Maschinenanlagen entspricht der Baureihe 610, doch verzichtete man auf die dieselelektrische Leistungsübertragung und die FIAT-Neigetechnik. Stattdessen treibt in jedem Fahrzeugteil jeweils ein Zwölfzylinder-Dieselmotor von MTU über ein Strömungsgetriebe und Gelenkwelle das Drehgestell am Kurzkupplungsende an. Zur Neigung des Wagenkastens beim bogenschnellen Fahren wählte man ein System, das ursprünglich für den Kampfpanzer »Leopard« entwickelt worden war: Elektromotoren sorgen mittels Stirnrad, Spindel und Gelenkhebel dafür, dass sich der Wagenkasten um maximal 8° neigt. Äußerlich unterscheiden sich die Fahrzeuge von der Baureihe 610 durch eine größere Windschutzscheibe und einen Zugzielanzeiger im Dachbereich. Der Start der Baureihe 611 im Plandienst 1996 geriet zum Fiasko, die Züge erwiesen sich als äußerst störanfällig und blieben häufig liegen. Schließlich mussten

Baureihe	611
Radsatzanordnung	2'B'+B'2'
V_{max} (km/h)	160
Leistung (kW)	2 x 540
Kraftübertragung	hydraulisch
Dienstmasse (t)	116
Radsatzfahrmasse (t)	
Länge über Kupplung (mm)	51.750
Raddurchmesser (mm)	890
Sitzplätze	148
Indienststellung	1996–1998

die Hersteller die Triebwagen überarbeiten, die seit 1998 wieder eingesetzt wurden. Ein Problem blieb aber die Neigetechnik, die in den vergangenen Jahren immer wieder für einige Zeit abgeschaltet werden musste. Inzwischen sind die verkehrsroten Züge wieder voll einsatzfähig. Sie gehören zu DB ZugBus Regionalverkehr Alb-Bodensee (RAB) und sind von Ulm und Tübingen aus auf meist nicht elektrifizierten Strecken in Süd-West-Deutschland unterwegs. Dabei verkehren sie einzeln, als Doppel-, Dreifach- und sogar als Vierfacheinheiten.

107

Baureihe 612

Trotz des katastrophalen Starts der Baureihe 611 bestand weiterhin Bedarf an Dieseltriebzügen mit Neigetechnik bei der DB AG. 1998 präsentierte die Firma Adtranz den zweiteiligen Dieseltriebwagen Baureihe 612 und gab dem Fahrzeug den werbewirksamen Namen »Regio-Swinger«. Bei der Konstruktion hatte man darauf geachtet, die Fehler der BR 611 nicht zu wiederholen. So verstärkten die Ingenieure z. B. die Gelenkwellen und brachten die Kraftstoff- und Ölbehälter nicht mehr in ihrer Nähe unter. Beide Fahrzeugteile des 160 km/h schnellen Triebzugs haben einen Cummins-Motor vom Typ QSK-19 mit je 560 kW Leistung und hydraulischer Kraftübertragung auf die Drehgestelle am Kurzkupplungsende. Das Strömungsgetriebe besitzt zusätzlich eine hydrodynamische Bremse. Über Luftfedern und eine Wiege stützt sich der Wagenkasten auf die Drehgestelle ab und lässt sich elektrisch um maximal 8° zu jeder Seite neigen. Das System Neicontrol-E, das über Beschleunigungssensoren an den Radsätzen Beginn und Ende einer Kurve misst, steuert die Neigetechnik. Nach längerer Erprobung begann 1999 die Serienlieferung, die 2003 nach insgesamt 192 Einheiten endete. Als Ersatz für die ICEs der Baureihe 605 verkehrten einige 612er von Dezember 2003 und bis August 2004 als ICs zwischen Nürnberg

Baureihe	612
Radsatzanordnung	2'B'+B'2'
V_{max} (km/h)	160
Motorleistung (kW)	2 x 559
Kraftübertragung	hydraulisch
Dienstmasse (t)	116,0
Radsatzfahrmasse (t)	
Länge über Kupplung (mm)	51.750
Raddurchmesser (mm)	890
Sitzplätze	146
Indienststellung	1998–2003

und Görlitz. Dafür waren sie lichtgrau mit verkehrsroten Streifen lackiert und in 612^4 bzw. 612^9 umgezeichnet worden. Inzwischen sind sie wieder aus dem Fernverkehr verschwunden und in Rot lackiert. Die Bezeichnung $612^{4,9}$ haben sie aber behalten. Wegen Rissen in den Radsätzen wurden zeitweilig die Wartungsintervalle erheblich gekürzt und wegen verschiedener Probleme mit der Neigetechnik die Höchstgeschwindigkeit einige Zeit reduziert. Die Probleme sind inzwischen gelöst und die Züge wieder »bogenschnell« unterwegs. Inzwischen werden die Triebwagen der Baureihe 612 auch von der DB ZugBus Regionalverkehr Alb-Bodensee GmbH (RAB) von Ulm aus eingesetzt. 612 112 bekam dafür einen neuen weiß/gelben Anstrich.

Baureihe 614

In den Besitz der DB AG gelangten auch die Dieseltriebwagen der Baureihe 614, mit denen die DB bereits Anfang der 1970er-Jahre das bogenschnelle Fahren einführen wollte. Mittels einer gleisbogenabhängigen Wagenkastensteuerung (GSt) mit einem Neigungswinkel von 4,2° sollten Kurven bis zu 20 % schneller durchfahren werden können. Aus diesem Grund verjüngte sich der Wagenkasten in der oberen Fahrzeughälfte. Ansonsten war das Fahrzeug eine Weiterentwicklung der Baureihen 624/634 für den sogenannten Bezirks- und Regionalverkehr. Lediglich die Kopfform leitete man von den elektrischen S-Bahntriebwagen der Baureihe 420 ab. Die Wagenkästen stellte man in selbsttragender Bauweise aus leichten Walzprofilen und abgekanteten Blechen her. Die Fahrzeuge erhielten eine aufwendige Luftfederung. Jeder Endwagen besitzt einen Führerstand und einen 367 kW starken MAN-Motor, der jeweils das äußere Drehgestell antreibt. Bis zu drei Einheiten können von einem Führerstand aus gesteuert werden. Weil die umfangreiche Erprobung der beiden Prototypen keine wesentlichen Fahrzeitgewinne durch die GSt ergab, verzichtete die DB bei der Serienlieferung darauf. Bis 1975 erhielt die DB 84 Triebwagen

Baureihe	614
Radsatzanordnung	B'2'+2'2'+2'B'
V_{max} (km/h)	140
Motorleistung (kW)	2 x 367*
Kraftübertragung	hydraulisch
Dienstmasse (t)	142,0
Radsatzfahrmasse (t)	16,0
Länge über Puffer (mm)	79.460
Raddurchmesser (mm)	950
Sitzplätze	228
Indienststellung	1971–1976
* remotorisiert 2 x 448 kW	

und 42 Mittelwagen, gefertigt von MAN und der Waggonfabrik Uerdingen. Hochburgen waren Braunschweig und Nürnberg. Die Fahrzeuge wurden teilweise innen sowie außen modernisiert und erhielten u.a. neue Cummins-Motoren mit 448 kW.
Im Dezember 2009 endete in Nürnberg der Einsatz der letzten Triebwagen der Baureihe 614 im Plandienst. Einige Fahrzeuge dienten aber zunächst weiter als Betriebsreserve, doch auch sie wurden inzwischen abgestellt, so dass 2014 die letzten der verkehrsroten Triebwagen von einer Untersuchung zurückgestellt waren und auf ihre Ausmusterung warteten.

109

Baureihe 618/619

Im Jahr 2000 stellte Alstom/LHB den »Leichten-Innovativen RegionalExpress« (LIREX) auf der Innotrans in Berlin den Besuchern vor.
Der Versuchszug ist eine Gemeinschaftsentwicklung von DB Regio, den Fahrzeugwerken Dessau und der Nahverkehrsgesellschaft Sachsen-Anhalt (NASA). Er besteht aus zwei Halbzügen, die Rücken an Rücken gekuppelt sind. Jeder Halbzug besteht aus einem Endwagen mit Führerraum, einem Mittelteil und einem Endwagen mit Stirnübergang. Er läuft auf vier Einzelradsätzen, von denen drei angetrieben sind und einer als Laufradsatz ausgeführt ist. Um eine optimale Kurvengängigkeit zu erzielen, sind die Radsätze beweglich gelagert (»Kurvengesteuertes Einzelradfahrwerk« [KERF]).
Von außen fällt der Zug durch sein markantes Design mit Stirnfronten und durch die ovalen Seitenfenster an den Enden der Halbzüge auf. Wegen der kurzen Wagenteile konnte der Zug 3.600 mm breit ausgeführt werden, was deutlich zur Steigerung des Komforts im Innenraum beiträgt. Auf Grund seines Versuchscharakters wurde der Innenraum vielfältig eingerichtet. Der Großraum verfügt über kleine Sitzgruppen mit Tischen. In einigen Rückenlehnen der Sitze sind Videobildschirme integriert. Ein Informations-

Baureihe	618/619
Radsatzanordnung	A'1'A'A' + A'A'1'A'
V_{max} (km/h)	160
Motorleistung (kW)	4 x 338
Kraftübertragung	elektrisch
Dienstmasse (t)	137
Radsatzfahrmasse (t)	
Länge über Kupplung (mm)	68.490
Raddurchmesser (mm)	
Sitzplätze	230–300
Indienststellung	2000

system liefert wichtige Informationen an die Reisenden.
Der Zug wird von Drehstrom-Asynchronmotoren angetrieben, die direkt am Fahrwerk montiert sind. Beim Bremsen wirken die Motoren als Generator und wandeln die kinetische Energie in elektrische um. Der Dieselmotor ist zusammen mit den Synchrongeneratoren und den Stromrichter auf dem Wagendach angeordnet. Ein Schwungradspeicher kann Energie, die beim Bremsen gewonnen wird, zwischenspeichern. Der Zug war nur sehr sporadisch im Planeinsatz und wurde als Versuchszug schon bald wieder aus dem Bestand der DB gestrichen.

Baureihe 620, 622

Seit 2014 liefert Alstom zwei neue Ausführungen des LINT (Leichter innovativer Nahverkehrstriebwagen). Dies sind der zweiteilige LINT 54 (DB-Baureihe 622) und der dreiteilige LINT 81 (DB-Baureihe 620).

Von den älteren LINT Baureihen 640 und 648 unterscheiden sie sich besonders durch eine neue, crashoptimierte Front. Sie entspricht der EU-Norm TSI und soll bei Unfällen eine höhere Sicherheit für Personal und Fahrgäste bieten. Außerdem wurden der Brandschutz und die Barrierefreiheit verbessert.

Die Fahrzeuge bestehen aus einzelnen Wagen, von denen jeder auf zwei zweiachsigen Drehgestellen läuft. Bei den zweiteiligen Zügen sind drei, bei den dreiteiligen Zügen vier Drehgestelle angetrieben. Die zugehörigen Motoren sind unter den Untergestellen aufgehängt. Sie leisten je 390 kW.

Um den Kraftstoffverbrauch zu reduzieren, kann mit weniger Motoren gefahren werden.

1,30 m breite Schwenkschiebetüren ermöglichen einen schnellen Fahrgastwechsel. Die Türen haben Lichtgitter und Kontaktleisten, damit Fahrgäste beim Schließen nicht eingeklemmt

Baureihe	620	622
Radsatzanordnung	B'2'+B'2'+B'B'	B'2'+B'B'
V_{max} (km/h)	140	140
Motorleistung (kW)	4 x 390	3 x 390
Kraftübertragung	hydraulisch	hydraulisch
Dienstmasse (t)	138	98
Radsatzfahrmasse (t)		
Länge über Puffer (mm)	80.920	54.270
Raddurchmesser (mm)		
Sitzplätze	300	180
Indienststellung	2014–...	2014–...

werden. Schiebetritte vereinfachen das Ein- und Aussteigen an niedrigen Bahnsteigen.

Im Niederflurbereich befinden sich Mehrzweckräume, barrierefreie Toiletten und Rollstuhl-Stellplätze. Hier können zusätzlich Fahrkarten- oder Snackautomaten eingebaut werden. Ein Fahrgastinformationssystem, eine Videoüberwachungsanlage und Audiosysteme ergänzen die Einrichtung. Die ersten Züge dieser Baureihen sind bereits in Köln beheimatet und werden unter dem Namen »vareo« auf dem »Kölner Dieselnetz« eingesetzt.

Baureihe 624, 634

Bis zum Jahr 2005 gehörten auch Triebwagen der Baureihen 624 und 634 zum Bestand der DB AG. Nach der umfangreichen Erprobung von jeweils zwei dreiteiligen Triebwagenzügen der Baureihen VT 23⁵ und VT 24⁵ (ab 1968: 624⁵/924⁵) beschaffte die DB ab 1964 als Serie die Baureihe VT 24⁶ (ab 1968: 624⁶/924⁴), die konstruktive Merkmale beider Prototypen kombinierte. Probe- und Serienzüge bestanden aus dreiteiligen Einheiten: zwei motorisierten Endwagen und einem motorlosen Mittelwagen (VM 24). Es waren auch Züge ohne bzw. mit bis zu zwei Mittelwagen möglich. Von 1961 bis 1968 stellten die MAN und die Waggonfabrik Uerdingen insgesamt 80 Triebwagen – angetrieben von einem 450-PS-Boxermotor von MAN mit hydraulischem Getriebe – und 55 Mittelwagen her. Bereits 1967 startete man erste Versuche mit der gleisbogenabhängigen Wagenkastensteuerung und rüstete zahlreiche VT und VM mit Luftfederung nach. Insgesamt 13 dreiteilige 624-Einheiten rüstete man mit der Neigetechnik aus, die eine Wagenkastenneigung bis zu 2,5° zuließ. Die Fahrzeuge waren nunmehr für 140 km/h zu-

Baureihe	624	634
Radsatzanordnung	B'2'+2'2'+2'B'	B'2'+2'2'+2'B'
V_{max} (km/h)	120	140
Leistung (kW)	2 x 332	2 x 332
Kraftübertragung	hydraulisch	hydraulisch
Dienstmasse (t)	112–118	118
Radsatzfahrmasse (t)	16	16
Länge über Puffer (mm)	79.420/79.460	79.420/79.460
Raddurchmesser (mm)	950	950
Sitzplätze	216/228	228
Indienststellung	1960–1966	Umbau 1969–1978

gelassen und in die Baureihen 634/934 umgezeichnet. Wegen der hohen Unterhaltungskosten wurde die Neigetechnik bis 1979 bei allen Fahrzeugen wieder ausgebaut; sie behielten aber die luftgefederten Drehgestelle. Zwischen 1990 und 1995 wurden alle Fahrzeuge im Rahmen des sogenannten »Redesign« modernisiert und bekamen den zu dieser Zeit üblichen verkehrsroten Anstrich. Die DB AG stellte die letzten Triebzüge im Dezember 2005 ab. Neun 624er-Einheiten wurden noch 2005 an die Woiwodschaft Westpommern in Polen verkauft. Die PKP reihte die Fahrzeuge als Baureihe SA110 ein.

■112

Baureihe 626

Ende der 1970er-Jahre hatten zahlreiche Privatbahnen Bedarf an einem modernen leistungsfähigen Triebwagen. Orenstein & Koppel entwickelte den neuen, einteiligen Triebwagen. Die Waggon Union und die Waggonfabrik Uerdingen (DUEWAG) übernahmen die Produktion. 1981 gingen dann die ersten als Typ »NE 81« bezeichneten Triebwagen in Dienst. Insgesamt wurden 26 Fahrzeuge in zwei Serien gebaut, wobei sich die ab 1993 gefertigte zweite Serie bei zahlreichen Details von der ersten Serie unterscheidet.

Die Wagen bestehen aus Stahlprofilen und -blechen. Zwei Dieselmotoren geben den Fahrzeugen ausreichend Kraft. So können problemlos Bei- und Steuerwagen, aber auch Güterwagen mitgenommen werden.

Der Triebwagen sind für den Einmann-Betrieb ausgelegt. Dabei können auch mehrere Trieb- und Steuerwagen von einem Führerstand aus bedient werden. Der Führerstand ist nicht vom Fahrgastraum abgetrennt, so kann der Triebfahrzeugführer Fahrkarten verkaufen und weitere Aufgaben wahrnehmen.

Die Eingangstüren befinden sich an den beiden Enden des Fahrzeugs. Der Fahrgastraum

Baureihe	626
Radsatzanordnung	B'B'
V_{max} (km/h)	100
Leistung (kW)	2 x 250
Kraftübertragung	hydraulisch
Dienstmasse (t)	39,0
Radsatzfahrmasse (t)	
Länge über Puffer (mm)	23.894
Raddurchmesser (mm)	900
Sitzplätze	79
Indienststellung	1981–1995

ist durch eine Glaswand mit Pendeltür in ein Nichtraucher- und ein Raucherabteil aufgeteilt. Bei einem Teil der Triebwagen ist ein geschlossenes WC vorhanden, andere Bahnen verzichteten darauf und bauten Fahrkartenautomaten an dieser Stelle ein.

Im Herbst 2006 übernahm die DB-Tochter WestFrankenBahn drei Trieb- und zwei Steuerwagen von der Kahlgrund Verkehrs-GmbH und reihte sie als Baureihen 626 bzw. 926 ein. Nach dem Verkauf eines 626 wurden die anderen Fahrzeuge in Schöllkrippen hinterstellt und später ausgemustert.

Baureihe 627⁰, 627¹

Ursprünglich sollten die Triebwagen der Baureihe 627 zusammen mit der Baureihe 628 die Schienenbusse der Baureihen 795 und 798 ersetzen. Das Bundesbahn-Zentralamt (BZA) München entwickelte die Fahrzeuge Anfang der 1970er-Jahre zusammen mit den Herstellern DUEWAG und MaK. 1974 lieferten MaK (Kiel) und Linke-Hofmann-Busch (Salzgitter) insgesamt acht einteilige Fahrzeuge der Baureihe 627⁰ an die DB. Der vollständig geschweißte Wagenkasten mit gesickten Dach und Seitenwänden war in Stahlleichtbauweise gebaut und besaß abgeschrägte Fronten. Die Fahrzeuge waren mit luftgefederten Drehgestellen, Schwenkschiebetüren und Scharfenberg-Kupplungen ausgerüstet. Lkw-Motoren von Daimler-Benz oder KHD mit einer Leistung von 294 kW trieben über ein Voith-Strömungsgetriebe und Gelenkwellen ein Drehgestell des 120 km/h schnellen Triebwagens an.

1981 erhielt die DB fünf Triebwagen der Baureihe 627¹. Im Gegensatz zu den 627⁰ hatten sie normale Zug- und Stoßvorrichtungen, eine geänderte Kopfform sowie einen glatten Wagenkasten. In den Jahren 1984 bis 1987 rüstete man auch die 627⁰ mit normalen Zug- und Stoßeinrichtungen aus.

Baureihen	627⁰	627¹
Radsatzanordnung	2'B'	2'B'
V_{max} (km/h)	120	120
Leistung (kW)	287	287
Kraftübertragung	hydraulisch	hydraulisch
Dienstmasse (t)	39	44
Radsatzfahrmasse (t)	12	11
Länge über Puffer (mm)	23.600	23.600
Raddurchmesser (mm)	760	770
Sitzplätze	64	70
Indienststellung	1974	1981–1982

Bei der DB AG setzte bis Dezember 2004 der Betriebshof Tübingen die acht 627⁰ ein. Der letzte 627¹ – von Kempten aus im Einsatz – wurde Anfang 2006 abgestellt. In Polen fanden die 627 003, 005, 008, 101, 102, 104 und 105 eine neue Einsatzmöglichkeit bei der Koleje Mazowiecki (KM), einem Gemeinschaftsunternehmen von DB AG und der Wojwodschaft Mazowiecki für Regionalverkehre im Großraum Warschau. Der Museums-Triebwagen 627 001 wurde beim Großbrand des Ringlokschuppens im Bahnbetriebswerk Nürnberg West 2005 (DB-Museum) stark beschädigt und anschließend verschrottet.

Baureihe 628⁰, 628¹

Ebenso wie die Baureihe 627⁰ sollten die
Doppeltriebwagen der Baureihe 628⁰ in den
1970er-Jahren die Schienenbusse ablösen. Die
Waggonfabrik Uerdingen und die Firma Linke-
Hofmann-Busch (Salzgitter) bauten ab 1974
insgesamt zwölf Doppeltriebwagen. Der Entfall
zweier Führerstände und eines Gepäckraumes
in einem der Fahrzeuge sorgte für ein größeres
Sitzplatzangebot. Jeder Fahrzeugteil besaß einen
Motor. Zur Auswahl standen wassergekühlte
Motoren von MAN und Daimler-Benz sowie ein
luftgekühlter von KHD. Die Doppeltriebwagen
erfüllten die an sie gestellten Anforderungen. Um
die Unterhaltungskosten zu senken, suchte die
DB jedoch nach einem leistungsstarken Motor,
der die Aufgaben beider Maschinenanlagen
übernehmen konnte. Ende der 1970er-Jahre
hatte Daimler-Benz einen 357 kW starken Motor
entwickelt, den man 1980 in die 628 021–024
einbaute. Gleichzeitig wurden bei den 628 006,
007, 016 und 017 die Motoren ausgebaut und
die Fahrzeuge nur noch als Steuerwagen (später
928 021–024) eingesetzt.
1981 erhielt die DB zusammen mit den fünf
Triebwagen der Baureihe 627¹ auch drei zweiteilige Garnituren, die aus einem Motorwagen
(628¹) und einem Steuerwagen (928¹) bestan-

Baureihe	628⁰+628⁰	628¹+928¹
Radsatzanordnung	2′B′+B′2′	2′B′+2′2′
V_{max} (km/h)	120	120
Leistung (kW)	2 x 213	357
Kraftübertragung	hydraulisch	hydraulisch
Dienstmasse (t)	77	65
Radsatzfahrmasse (t)	12	12
Länge über Puffer (mm)	45.150	45.150
Raddurchmesser (mm)	760	770
Sitzplätze	136	128 + 21*
Indienststellung	1974–1975	1981
* Klappsitze		

den. Sie waren für Einmannbetrieb ausgerüstet
und besaßen größere Mehrzweckräume hinter
den Führerständen.
Zwischen 1984 und 1987 erhielten die 628⁰
normale Zug- und Stoßeinrichtungen. Von
den 628⁰ wurden im Februar 2003 gleich
sechs Einheiten abgestellt, darunter alle
vier 628⁰/928⁰. Der letzte 628⁰ wurde Anfang Januar 2005 bei der DB ausgemustert.
628 001/011, 002/012, 003/013, 004/014,
008/018 und 009/019) wurden nach Polen an
die Koleje Mazowiecki (KM) verkauft. Anfang
2008 wurden alle 628¹ abgestellt.

115 ■

Baureihe 628², 628⁴, 628⁹, 629

Elf Jahre nach der Auslieferung der Vorserie, beauftragte die DB 1985 die westdeutsche Fahrzeugindustrie mit dem Bau von 150 Einheiten der Serientriebwagen der Baureihe 628²/928². Ausgeliefert wurden die Fahrzeuge zwischen Ende 1986 und Herbst 1989. Sie unterschieden sich von den 628¹ durch einen stärkeren Daimler-Benz-Motor mit 410 kW Leistung, einen verbesserten Schleuderschutz, einen größeren Kraftstoffvorrat und eine geänderte Fahrzeugfront mit integrierter Zugzielanzeige. Rund ein Jahr nach Lieferung des letzten Fahrzeugs orderte die DB eine zweite Serie mit 63 Einheiten, die sie als Baureihe 628⁴/928⁴ einreihte. Sie wiesen einige Änderungen auf: Ein 485-kW starker Motor von MTU übertrug über ein Wandler-Kupplungs-Getriebe und Gelenkwellen seine Leistung auf ein Drehgestell. Der 628² besitzt ein Zweiwandler-Getriebe. Am Kurzkupplungsende verschafften jetzt breite Doppel-Schwenkschiebetüren den Fahrgästen ausreichenden Zutritt. Bereits 1991 wurde für den Regionalverkehr

Baureihe	628²+928²	628⁴+928⁴	628⁹+629
Radsatzanordnung	2'B'+2'2'	2'B'+2'2'	2'B'+B'2'
V_{max} (km/h)	120	120	120
Leistung (kW)	410	485	2 x 485
Kraftübertragung	hydraulisch	hydraulisch	hydraulisch
Dienstmasse (t)	67	70	84
Radsatzfahrmasse (t)	13	15	15
Länge über Puffer (mm)	45.400	46.400	46.400
Raddurchmesser (mm)	770	770	770
Sitzplätze	143	146	144
Indienststellung	1986–89	1992–96	1995

in den neuen Bundesländern die zweite Serie auf 146 Fahrzeugen erhöht, 1993 schließlich auf insgesamt 189 Einheiten. Hierauf folgte sogleich eine dritte Serie von nochmals 120 Garnituren. Sechs Fahrzeuge entstanden dabei als Doppeltriebwagen der Baureihe 628⁹/629 für die Strecke von Mainz nach Alzey. Die Serientriebwagen 628² und 628⁴ sind noch in fast allen Regionen Deutschlands anzutreffen. Mit Ausmusterungen ist aber in nächster Zeit zu rechnen. Die Baureihe 628⁹/629 ist in Kaiserslautern, Trier und Ulm stationiert.

■ 116

Baureihe 630, 631, 633

Hinter den neuen Baureihen 631, 632 und 633 verbergen sich die ein- bis dreiteiligen Dieseltriebwagen des polnischen Schienenfahrzeugherstellers PESA, der die hier beschriebenen Züge unter dem Namen Pesa Link DMU 120 bereits an mehrere in- und ausländische Bahnen verkauft hat.

Die Deutsche Bahn hat mit den ein-, zwei- und dreiteiligen Zügen mehrere Versionen bestellt, die sie unter anderem im Sauerland, im Allgäu und auf der Dreieichbahn im Rhein-Main-Gebiet einsetzen möchte. Insgesamt will sie 470 Züge dieses Typs beschaffen.

2012 hat die Bahn je einen einteiligen und einen dreiteiligen Zug bestellt. Der einteilige Zug wurde 2014 auf der Innotrans in Berlin gezeigt und auch der dreiteilige Zug ist inzwischen in Deutschland

Die Züge können mit Dieselmotoren mit einer Leistung von 390 kW oder 565 kW geliefert werden. Die Motoren entsprechen der Abgasnorm Stage IIIb. Unterschiedliche starke Dieselmotoren treiben beide Achsen der End-Drehgestelle an. Zwischen den Wagenteilen befinden

Baureihe	631	632	633
Radsatzanordnung	B'2'	B'2'B'	B'2'2'B'
V_{max} (km/h)	140	140	140
Leistung (kW)	565	2 x 390	2 x 565
Kraftübertragung	hydraulisch	hydraulisch	hydraulisch
Dienstmasse (t)			
Radsatzfahrmasse (t)			
Länge über Puffer (mm)	28.650	43.730	57.130
Raddurchmesser (mm)			
Sitzplätze		94 + 16	138 – 160
Indienststellung	1986–89	1992–96	1995

sich ebenfalls zweiachsige nicht angetriebene Jakobsdrehgestelle.

Die Einrichtung zur Mehrfachtraktion erlaubt die gemeinsame Steuerung von bis zu drei Zügen. Der Innenraum ist im Mittelteil in niederflurig. An den Enden der Züge ist der Fußboden erhöht. Die Bodenhöhe des Niederflurbereiches kann je nach Bahnsteighöhen variabel bestellt werden. Die Fahrzeuge bekommen Mehrzweckabteile und Rampen für Rollstuhlfahrer sowie behindertengerechte Toiletten. Die Fahrzeuge haben innen und außen Lautsprecher.

Baureihe 640, 648

Für den Markt der Regional-Triebwagen entwickelte Alstom LHB GmbH (Salzgitter) die LINT-Serie (LINT = Leichter Innovativer Nahverkehrs-Triebwagen). Die DB AG beschaffte zwei Typen: 1999 und 2000 insgesamt 30 Fahrzeuge vom vierachsigen LINT 27 (Baureihe 640) und seit 1999 den sechsachsigen LINT 41 (Baureihe 648).

In geschweißter Stahlleichtbauweise aus nichtrostenden Stählen ist der Wagenkasten hergestellt. Der Fahrzeugkopf aus aufgeschraubten und geklebten GFK-Teilen sitzt auf einer verstärkten Stahlkonstruktion. Ein 6-Zylinder-Dieselmotor von MTU treibt über ein hydrodynamisches Voith-Strömungsgetriebe beim LINT 27 die beiden Treibradsätze eines Drehgestells an.

Sechs Exemplare des LINT 41 setzte die DB AG seit 2000/01 als 648^0 in Schleswig-Holstein ein. Für den Einsatz in Nordrhein-Westfalen wurden weitere LINT 41 bestellt. 21 Einheiten aus dieser Bestellung wurden als LINT 41/H mit einer Einstiegshöhe von 780 mm anstatt 580 mm geordert und als Baureihe 648^1 eingereiht. Die sieben LINT 41 mit normaler Einstiegshöhe bezeichnete man als Baureihe 648^2. Der Wagenkasten dieser Baureihe stützt

Baureihe	640	648
Radsatzanordnung	B'2'	B'2'B'
V_{max} (km/h)	120	120
Leistung (kW)	315	2 x 315
Kraftübertragung	hydrodynamisch	hydrodynamisch
Dienstmasse (t)	41	64 – 65
Radsatzfahrmasse (t)	15	18
Länge über Kupplung (mm)	27.260	41.810
Raddurchmesser (mm)	770	770
Sitzplätze	60 + 13*	114–134 + 10*–
Indienststellung	1999–2001	2000–2005
* Klappsitze		

sich in der Mitte auf ein ebenfalls zweiachsiges Jakobs-Laufdrehgestell ab. Zwei Unterflur-Antriebsanlagen bestehen jeweils aus einem 6-Zylinder-Dieselmotor von MTU mit 315 kW Leistung und einem hydrodynamisches Voith-Strömungsgetriebe.

Weitere 648 sind im Harz-Weser-Netz von Braunschweig aus im Einsatz. 27 zweiteilige LINT 41 erhielt DB Regio Mittelfranken ab Januar 2008 als 648^3. Die Regionalbahn Schleswig-Holstein setzt 25 Exemplare 648^3 im »Ostnetz« seit Dezember 2009 auf den Strecken von Lübeck nach Puttgarden, Neustadt (Holstein) und Kiel ein.

Baureihe 641

Die Baureihe 641 stellt eine Besonderheit dar: Ihre Entwicklung war ein Gemeinschaftsprojekt von der DB AG und der französischen Staatsbahn SNCF zusammen mit den Schienenfahrzeugherstellern De Dietrich Ferroviaire und Linke-Hofmann-Busch (Salzgitter). Die Triebwagen wurden arbeitsteilig von beiden Firmen gefertigt, die mittlerweile als Alstom LHB und Alstom DDF zum französischen Alstom-Konzern gehören. So entstand der TER, der »Transport Express Régionaux«. Für seine ungewöhnliche äußere Gestaltung, die den Fahrzeugen in Deutschland den Spitznamen »Walfisch« einbrachte, zeichnet das Design-Büro Avant-Première in Lyon verantwortlich. In Frankreich nennt man die Triebwagen »Baleine bleue« (Blauwal). Die DB AG beschaffte 40 Fahrzeuge als Baureihe 641, von denen vier Triebwagen nach Unfällen ausgemustert wurden. Die SNCF setzt eine deutlich größere Anzahl als Baureihe ATER X 73500 ein. Für den grenzüberschreitenden Verkehr zwischen Deutschland und Frankreich beschaffte man 19 weitere Fahrzeuge als ATER X 73900, zwei Exemplare – X 73914 und 73915 – zahlte das Saarland; sie sind deshalb in Verkehrsrot lackiert.

Baureihe	641
Radsatzanordnung	(1A)'(A1)'
V_{max} (km/h)	140
Leistung (kW)	2 x 257
Kraftübertragung	hydrodynamisch
Dienstmasse (t)	47
Länge über Kupplung (mm)	28.900
Raddurchmesser (mm)	770
Sitzplätze	63 + 17*
Indienststellung	1999–2002
* Klappsitze	

Zwei MAN-Dieselmotoren sitzen jeweils unter den Vorbauten, einer geschweißten Stahlkonstruktion. Die GFK Fahrzeugköpfe sind mit den Vorbauten verklebt. Über ein hydrodynamisches Voith-Strömungsgetriebe wird jeweils der innere Radsatz in jedem Drehgestell angetrieben. Ausgerüstet mit automatischen Scharfenberg-Kupplungen und Traktionssteuerung ist die Baureihe 641 mehrfachtraktionsfähig.

Einsatzgebiete der Baureihe 641 sind unter anderem in Thüringen z.B. die Schwarzatalbahn und in Baden-Württemberg am Hochrhein. Ab 9. Juni 2013 wurden sieben Wagen in Hof beheimatet.

Baureihe 642

Derzeit zählen 234 Fahrzeuge der Baureihe 642 zum Bestand der DB AG. Die Triebwagen aus der Fahrzeugfamilie »Desiro« lieferte Siemens-Verkehrstechnik seit dem Jahr 2000 aus. Beim Desiro handelt es sich um ein modulares Fahrzeugkonzept, dessen Möglichkeiten vom einteiligen bis zum sechsteiligen Fahrzeug reichen. Hinzu kommen noch verschiedene Antriebskonzepte.

Die DB AG beschaffte den Desiro als zweiteiligen Dieseltriebwagen. Für diese Bauart entschieden sich auch diverse deutsche Privatbahnen.

In Aluminium-Integralbauweise entstand der Wagenkasten. Wie bei den meisten neuen Triebwagenkonstruktionen sind die in Sandwich-Bauweise hergestellten GFK-Schalen der Fahrzeugköpfe sind mit dem Wagenkasten verklebt. Die beiden Wagenkästen stützen sich in der Mitte des Triebwagens, der einen Niederfluranteil von 60 % hat, auf ein Jakobs-Laufdrehgestell. Unter den Hochflurbereichen zwischen Einstieg und Triebdrehgestell hat in jedem Fahrzeugteil ein 275 kW starker 6-Zylinder-Dieselmotor von MTU seinen Platz gefunden. Seine Leistung überträgt jeweils ein hyd-

Baureihe	642
Radsatzanordnung	B'2'B'
V_{max} (km/h)	120
Leistung (kW)	2 x 275
Kraftübertragung	hydrodynamisch
Dienstmasse (t)	66
Radsatzfahrmasse (t)	16
Länge über Kupplung (mm)	41.700
Raddurchmesser (mm)	770
Sitzplätze	110 + 13*
Indienststellung	1999–2003
* Klappsitze	

rodynamisch-mechanisches Ecomat-Getriebe mit integriertem Anfahrdrehmoment-Wandler. An den Stirnseiten der Züge sind automatische Kupplungen der Bauart Scharfenberg montiert. Die verkehrsroten Triebwagen der Baureihe 642 sind vor allem in den Bundesländern Mecklenburg-Vorpommern, Sachsen-Anhalt, Thüringen, Sachsen, Franken und Bayern anzutreffen. Sie werden als Einzelfahrzeuge oder in Mehrfachtraktion eingesetzt. Nach einem Unfall schied der 642 016/516 bereits im Jahr 2002 aus dem Bestand der DB aus.

Baureihe 643⁰, 643², 644

1998 lieferte Bombardier Transportation die ersten Triebwagen vom Typ Talent an die DB AG. Sie gehörten zu einer Bestellung von insgesamt 165 Fahrzeugen, von denen zuerst 64 dreiteilige Exemplare mit dieselelektrischem Antrieb als Baureihe 644 gebaut wurden. Ein Drehstrom-Asynchronmotor mit 300 kW treibt jeweils das erste und letzte Drehgestell an. Zusammen mit 2 x 505 kW Dieselmotorleistung sorgen

Baureihe	643⁰	643²	644
Radsatzanordnung	B'2'2'B'	B'2'B'	B'2'2'B'
V_{max} (km/h)	120	120	120
Leistung (kW)	2 x 315	2 x 315	2 x 505
Kraftübertragung	hydrodynamisch	hydrodynamisch	elektrisch
Dienstmasse (t)	74		84
Radsatzfahrmasse (t)	13	13	14
Länge über Kupplung (mm)	43.860	34.610	52.160
Raddurchmesser (mm)	760	760	760
Sitzplätze	120 + 17*	96	120 + 41*
Indienststellung	1999–2001	2003	1998–2000
* Klappsitze			

sie für 120 km/h Höchstgeschwindigkeit und eine Anfahrbeschleunigung von 1,0 m/s². Im Sommer 1999 ging die etwas kürzere Baureihe 643⁰ in Betrieb, deren Lieferung 75 dreiteilige Fahrzeuge umfasste. Für ihren Antrieb sorgen zwei 315-kW starke Motoren von MTU, deren Leistung ein hydrodynamisch-mechanisches Lastschaltgetriebe mit integriertem Anfahrdrehmoment-Wandler auf die Triebgestelle überträgt. Anfang 2003 erfolgte die Auslieferung der ersten von insgesamt 26 als Baureihe 643² bezeichneten zweiteiligen Fahrzeugen für das Euregio-Netz rund um Aachen. Sie besaßen bei der Auslieferung niederländische Sicherheits-

einrichtungen und waren für den Einsatz nach BOStrab und in Belgien vorbereitet.
Beide Baureihen sind ähnlich aufgebaut: Ein Stahlgerippe mit einer aufgeklebten Außenhaut aus Kunststoff, in der wiederum die Fenster eingeklebt sind, sitzt auf dem geschweißten Untergestell. Aus GFK sind dagegen die Fahrzeugköpfe und die Dachmodule gefertigt. Die Fahrzeuge, von denen bis zu drei Triebwagen von einem Führerstand aus gesteuert werden können, besitzen in der Mitte Jakobs-Drehgestelle.
Die Baureihe 644 ist komplett in Köln-Deutzerfeld beheimatet.

Baureihe 646

Die Schweizer Firma Stadler präsentierte Mitte der 1990er-Jahre den GTW 2/6, einen sechsachsigen Gelenktriebwagen mit dieselelektrischem Antrieb und ungewöhnlichem Aufbau, der in Zusammenarbeit mit den Unternehmen Alusuisse, SLM, AEG und DWA entstand: Das Fahrzeug besteht aus zwei antriebslosen Endwagen und einem zweiachsigen Antriebscontainer – »Powerpack« genannt – in der Mitte. Die Wagenkästen der Endwagen bestehen als kombinierte Schweiß-Schraubkonstruktion aus Aluminiumprofilen und -blechen. Die Endwagen sind mit Standarddrehgestellen ausgerüstet, der Niederfluranteil liegt bei 70 %. Die ebenfalls modularen Fahrzeugköpfe bestehen aus glasfaserverstärktem Kunststoff und erhielten eine gefälligere Gestaltung als der Prototyp des GTW 2/6. Das »Powerpack« mit zwei Maschinenräumen und einem Mittelgang besteht aus einem Wagenkasten in geschweißter Stahlkonstruktion. Für den Antrieb sorgt ein 550 kW starker Dieselmotor von MTU, der mittels Generator zwei Drehstrom-Asynchron-Motoren mit je 262 kW antreibt, die direkt auf die Achsen des Antriebsmoduls wirken.

Baureihe	646
Radsatzanordnung	2'+Bo+2'
V_{max} (km/h)	120
Leistung (kW)	550
Kraftübertragung	elektrisch
Dienstmasse (t)	57,1
Radsatzfahrmasse (t)	19,2
Länge über Kupplung (mm)	38.660
Raddurchmesser (mm)	860
Sitzplätze	93 + 15* (646[1]: 111 + 15
Indienststellung	1999–2003
* Klappsitze	

Die DB AG orderte zunächst 30 Exemplare, die sie als Baureihe 646/946[0] einreihte. Sie sind in Berlin-Lichtenberg zu Hause. Das Tochterunternehmen Usedomer Bäderbahn beschaffte weitere 14 Fahrzeuge. 2002/2003 erhielt die DB AG nochmals 13 GTW 2/6, die sie als Baureihe 646[2] einreihte und in Darmstadt und Kassel stationierte. Die UBB beschaffte 2003 mit 646 121–127 sieben zusätzliche – wie die früheren UBB-Wagen weiß/blau lackierte – Triebwagen.

■ 122

Baureihe 650

Als Baureihe 650 reihte die DB AG 80 Triebwagen vom Typ RegioShuttle RS 1 ein Der
RS 1 ist einer cer erfolgreichsten Regional-
triebwagen, den auch zahlreiche Privatbahnen
beschaffen.

Aus Abkantprofilen und Vierkantrohren besteht
die Schweißkonstruktion des Wagenkastens.
Da sie in Fachwerkbauweise zusammengefügt
werden, sorgt diese Konstruktion für die ungewöhnliche Einteilung des Fensterbandes.
Der Niederflurcnteil der Fahrzeuge beträgt über
60 %. An beiden Fahrzeugenden ist jeweils
ein 257 kW starker Dieselmotor von MAN
untergebracht. Je ein Voith-DIWA-Getriebe
mit vier automatisch geschalteten Gängen
und nachgeschalteten Gelenkwellen sowie
Achswendegetrieben übertragen die Leistung
auf beide Achsen des jeweiligen Drehgestells.
Diese starke Motorisierung sorgt für ein hohes
Beschleunigungsvermögen der Fahrzeuge.
Somit erhielten die RS 1 der DB AG ob ihrer
verkehrsroten Lackierung nicht ohne Grund den
Spitznamen »Ferrari auf Schienen«. Die Triebwagen der BR 650 sind außerdem mit Toilette
und Klimaanlage ausgerüstet.

Von den 650 gibt es vier unterschiedliche

Baureihe	650
Radsatzanordnung	B'B'
V_{max} (km/h)	120
Leistung (kW)	2 x 257
Kraftübertragung	hydrodynamisch
Dienstmasse (t)	56
Radsatzfahrmasse (t)	14
Länge über Puffer (mm)	25.500
Treibraddurchmesser (mm)	770
Sitzplätze	68 + 4*
Indienststellung	1999–2000
* Klappsitze	

Ausführungen, die als 650^0 bis 650^3 eingereiht sind. Sie unterscheiden sich bei der
Inneneinrichtung. So haben die 650^2 einen
größeren Mehrzweckraum für die Beförderung
von mehr Fahrrädern. Die 650^3 haben breitere
Einstiegstüren und ein verbessertes Fahrgastinformationssystem sowie eine leistungsstärkere
Klimaanlage. Dafür wurde aber auf die Toilette
verzichtet. Alle 650 werden von der Regionalbahn Alb-Bodensee betreut und meist auf nicht
elektrifizierten Nebenstrecken im Süden Baden-
Württembergs eingesetzt.

Baureihe 670

Keine glückliche Karriere war den Doppelstock-Schienenbussen der Baureihe 670 beschieden. Der Prototyp im Herbst 1994 und bei der Messe Innotrans im Oktober 1996 in Berlin den Besuchern gezeigt. Der 670 000 war in Rot lackiert und nie für den öffentlichen Personenverkehr zugelassen.

Das zweiachsige Fahrzeug hatten die Ingenieure konsequent im Stahl-Leichtbau konstruiert und Bauteile aus der Serienproduktion von Omnibussen verwendet, wie z. B. Motor, Getriebe und Bremsanlage. Die Verkleidungsbleche sind von außen auf den Wagenkasten aufgeklebt. Auf jeder Seite ermöglicht eine zweiflügelige Schwenkschiebetür den Zugang. Innen verbinden zwei Wendeltreppen die beiden Ebenen. Die DB orderte fünf leicht veränderte Triebwagen, die sie als 670 001 bis 650 005 einreihte; 670 006 gehörte weiterhin DWA.

Ein MTU-Dieselmotor mit einer Leistung von 250 kW treibt mittels eines hydrodynamischen Getriebes eine der beiden Achsen an. Aufgrund des Leichtbaus rüstete man die Fahrzeuge mit leistungsfähigen Bremssystemen aus: Sie besitzen eine hydrodynamische Retarderbremse, zwei elektronisch gesteuerte, hydraulisch betätigte Scheibenbremsen und eine Magnetschienenbremse.

Baureihe	670
Radsatzanordnung	A'1'
V_{max} (km/h)	100
Leistung (kW)	250
Kraftübertragung	hydrodynamisch
Dienstmasse(t)	33
Radsatzfahrmasse (t)	18
Länge über Puffer (mm)	16.332
Raddurchmesser (mm)	840
Sitzplätze	68 + 10*
Indienststellung	1996
* Klappsitze	

Die Triebwagen kamen unter anderem auf den Strecken Weimar–Kranichfeld, Stendal–Tangermünde und Bullay–Traben-Trarbach zum Einsatz. Bei der DB AG bewährten sich die Triebwagen nicht, weil sie sich als relativ schadanfällig erwiesen. Nichtsdestoweniger hielten sie sich zwischen Stendal und Tangermünde noch bis Mitte 2003. Schließlich gab die DB AG die Fahrzeuge an den Hersteller zurück, der sie an private Eigentümer weiterverkaufte. 670 002, 670 005 und 670 006 kamen zur Dessau-Wörlitzer-Eisenbahn. Derzeit ist ein Fahrzeug zwischen Dessau und Wörlitz im Einsatz. 670 003 und 670 004 wechselten zur Eisenbahngesellschaft Potsdam (EGP).

■ 124

Baureihe 672

Unter dem Namen »Burgenlandbahn« betreibt die DB AG im südlichen Sachsen-Anhalt den Nahverkehr auf verschiedenen Nebenbahnen. Für die Einsätze erhielt die »Burgenlandbahn GmbH« – sie ist erst seit 2004 vollständig im Eigentum der DB AG – zwischen Dezember 1998 und Sommer 1999 insgesamt 19 Triebwagen vom Typ LVT/S, die sie Anfang 2004 von der Karsdorfer Eisenbahngesellschaft (KEG) nach deren Insolvenz übernahm. Die Wagen sind zwar in Magdeburg beheimatet, werden aber in Leipzig betreut.

Den Prototyp dieses Fahrzeugs hatte die DWA 1996 erstmals als Alternative zum doppelstöckigen Triebwagen der Baureihe 670 präsentiert; die Abkürzung LVT/S steht für »Leichtverbrennungstriebwagen und Schienenbus«. Das zweiachsige Fahrzeug erfüllt die Anforderungen der EBO und nutzt Bauteile aus dem Bus- und Straßenbahnbau. Der verwindungsweiche Wagenkasten ist eine geschweißte Stahlleichtbau-Konstruktion. Die Fenster sind von außen in die Wände eingeklebt.

Eines der radial einstellbaren Einzelradsatzfahrwerke wird von einem 265 kW starken Dieselmotor vom Typ 10A 380 von Volvo angetrieben. Seine Leistung überträgt ein automa-

Baureihe	672
Radsatzanordnung	A'1'
V_{max} (km/h)	100
Leistung (kW)	265
Kraftübertragung	hydrodynamisch
Dienstmasse (t)	33
Radsatzfahrmasse (t)	17
Länge über Puffer (mm)	16.540
Raddurchmesser (mm)	760
Sitzplätze	45 + 14*
Indienststellung	1996–1999
* Klappsitze	

tisches Voith-DIWA-Getriebe mit nachgeschalteter Gelenkwelle und Achswendegetriebe. Die Fahrzeuge sind auf jeder Seite nur mit jeweils einer Schwenkschiebetür ausgerüstet.

Obwohl die Triebwagen seitliche Puffer haben, sind sie mit einer speziell für die KEG entwickelten automatischen Mittelpufferkupplung ausgestattet.

Nach der Übernahme der DWA durch Bombardier Transportation wurde das Fahrzeugkonzept des LVT/S nicht weiterentwickelt, sodass es beim Bau von einem Prototypen und 23 Serientriebwagen blieb.

Baureihe 690, 691

Ein kurze Karriere war den »Cargosprintern« bei der DB AG beschieden: Nur zwischen Oktober 1997 und Mitte 1999 verbanden die Güter-triebwagen der Baureihen 690 und 691 im Nachtsprung Osnabrück und Hamburg mit dem Frankfurter Flughafen.

Die Fahrzeuge hatten die Firmen Windhoff aus Rheine (vier Triebwagen der Baureihe 690) und Talbot aus Aachen (drei Triebwagen der Baureihe 691) 1997/97 an die DB AG ge-liefert. Sie bestanden jeweils aus drei unmoto-risierten Container-Tragwagen und einem an-getriebenen Wagen mit Führerstand an jedem Ende. Der Aufbau der Endwagen, die ebenfalls zwei Container transportieren konnten, ähnelte einem Lkw. Da vorgesehen war, ein System mit Flügelzügen aufzubauen, besaßen die Fahrzeuge zum schnellen Kuppeln und Trennen eine besondere automatische Kupplung (Z-AK). Den Antrieb übernehmen 6-Zylinder-Dieselmo-toren von Volvo, die ihr Drehmoment über ein 6-Gang-Getriebe an die Radsätze übertragen. Scheibenbremsen sorgen für eine ausreichende Verzögerung der Fahrzeuge.

Baureihe	690	691
Radsatzanordnung*	(1A)'(A1)'	(1A)'(A1)'
V_{max} (km/h)	120	120
Leistung (kW)	4 x 265	4 x 265
Kraftübertragung	hydraulisch	hydraulisch
Dienstmasse (t)	120	113
Radastzfahrmasse (t)		
Länge über Puffer (mm)	91.000	89.570
Raddurchmesser (mm)	920	920
Indienststellung	1996	1997
* Endwagen		

Die Cargosprinter konnten wegen diverser techni-scher Probleme in der Praxis nicht überzeugen, sodass ihr Einsatz bereits 1999 endete. 2002 entstand aus zwei Endwagen der von Siemens und der TH Aachen entwickelte »CargoMover«. Nach jahrelanger Abstellzeit wurden die restlichen Fahrzeuge schließlich nach Österreich (2004; umgebaut in Tunnelrettungssprinter X690) und in die Schweiz (2008) verkauft. Ähnliche Fahrzeu-ge konnte die Firma Windhoff nach Australien, Nordamerika und Großbritannien liefern.

■126

Baureihe 771, 772

Nach dem Zweiten Weltkrieg musste die Deutsche Reichsbahn der DDR neue Triebwagen beschaffen, um ihre Nebenbahnen wirtschaftlicher zu betreiben. Die beiden Prototypen der neuen Baureihe LVT 2.09 (ab 1970: Baureihe 171) erprobte sie ab 1959. Mit der Fertigung der Serie begann der VEB Waggonbau Bautzen Ende 1963. Bis Anfang 1965 lieferte das Unternehmen 63 Trieb- und Beiwagen, die wegen ihrer Form und roten Farbgebung schnell die Spitznamen »Ferkeltaxe« oder »Blutblase« erhielten.

Baureihe ab 1992	771	772	771/772
Baureihe bis 1992	171^0	$172^{0,1}$	-
Radsatzanordnung	1A	1A	1A
V_{max} (km/h)	90	90	90
Leistung (kW)	132	132	162
Kraftübertragung	mechanisch	mechanisch	mechanisch
Dienstmasse (t)	20	22	22
Radsatzfahrmasse (t)	13	15	15
Länge über Kupplung (mm)	13.550	13.550	13.550
Raddurchmesser (mm)	900	900	900
Sitzplätze	54	54	54
Indienststellung	1957–1964	1965–1969	1991–1995*
* Umbau			

Noch während der Produktion, orderte die DR einen LVT mit Steuerwagen, um das Umsetzen an den Endbahnhöfen zu sparen. Mitte 1964 begann die Erprobung der beiden Prototypen der neuen Baureihe LVT 2.09.1 (ab 1970: Baureihe 172), sodass Ende 1965/Anfang 1966 die Serie ausgeliefert werden konnte, die mit LVT 2.09.116 endete. Von 1969 bis 1973 lieferte der VEB Waggonbau Gotha 72 Trieb- und Steuerwagen der Baureihe LVT 2.09.2 (ab 1970: Baureihe 172¹), die einen verstärkten Rahmen und einen überarbeiteten Dieselmotor erhielten. Anfang der 1990er-Jahre erhielten die Baureihen 171 (ab 1992: Baureihe 771) und 172 (ab 1992: Baureihe 772) nicht nur eine neue Innenausstattung, sondern auch neue, 162 kW starke MAN Motoren und Voith-Getriebe sowie Sifa, Indusi, PZ80 und sogar Zugbahnfunk MESA2000. Man reihte sie als Baureihe 772^3 (ex 771) und Baureihe 772^4 (ex 772) ein. Doch die DB AG musterte die Fahrzeuge bis 2004 vollständig aus und verkaufte zahlreiche Exemplare nach Kuba und Rumänien.
Seit 2006 nutzt die »Oberweißbacher Berg- und Schwarzatalbahn« (OBS) die modernisierten Triebwagen 772 140 und 141 für Sonderfahrten und als Reserve.

Baureihe 796, 798

Bis zum Jahr 2000 gehörten auch noch einige Exemplare der zweimotorigen Schienenbusse der ehemaligen Baureihe VT 98 zum Bestand der DB AG. Von diesen robusten Fahrzeugen hatte die Deutsche Bundesbahn (DB) seit dem Jahr 1955 in verschiedenen Serien insgesamt 329 Triebwagen, 310 Steuerwagen und 320 Beiwagen beschafft. Zwei Büssing-Motoren vom Typ U 10 mit je 150 PS ermöglichten es den Fahrzeugen, neben dem Bei- noch einen Steuerwagen mitzuführen. Auch Güterwagen beförderten die Schienenbusse problemlos. Über Jahrzehnte bildeten sie das Rückgrat vieler Nebenbahnen der DB.

Zwischen 1980 und 1988 nahm der Fahrzeugbestand rapide ab, doch Ende der 80er-Jahre ließ die Bundesbahn 47 Triebwagen auf Einmannbedienung umbauen und reihte sie als Baureihe 796 ein. Erst im Mai 2000 musterte DB AG die beiden letzten Schienenbusse der Baureihe 796 aus.

Für den Einsatz auf der »Chiemgau-Bahn« Prien–Aschau hatte das Aw Kassel 1987 die Einheit 798 652, 653 und 998 896 modernisiert und sie in den Farben Mitgrün und Kiesel-

Baureihe	798
Radsatzanordnung	Bo
V_{max} (km/h)	90
Leistung (kW)	2 x 110
Kraftübertragung	mechanisch
Dienstmasse (t)	20,9
Radsatzfahrmasse (t)	13,9
Länge über Puffer (mm)	13.950
Raddurchmesser (mm)	900
Sitzplätze	60
Indienststellung	1955–1962

grau des Regionalverkehrs lackiert. Die ehemaligen Fahrzeuge der Chiemgau-Bahn und vier weitere Beiwagen (alle VM Nürnberg) waren lange in der Obhut der Schienenbusfreunde in Ulm. Während der Sommermonate verkehrten die Fahrzeuge in Zusammenarbeit mit der DB-Tochter ZugBus Alb-Bodensee als »Ulmer Spatz« auf der Schwäbischen Alb zwischen Münsingen und Kleinengstingen. Heute ist nur noch der 798 652 aktiv. Er trägt wieder einen roten Regelanstrich und wird ausschließlich für Sonderfahrten genutzt.